软件开发 人才培养系列丛书

MySQL

数据库应用技术及实战

（第2版）

肖睿 李鲲程 范效亮 周光宇◎主编

邓晓宁 孙亚非 吴俭◎副主编

U0390298

人民邮电出版社

北京

图书在版编目（CIP）数据

MySQL数据库应用技术及实战 / 肖睿等主编. -- 2版
. -- 北京：人民邮电出版社，2022.6（2023.4 重印）
（软件开发人才培养系列丛书）
ISBN 978-7-115-57894-5

Ⅰ. ①M… Ⅱ. ①肖… Ⅲ. ①SQL语言－程序设计－教
材 Ⅳ. ①TP311.132.3

中国版本图书馆CIP数据核字(2021)第229119号

内 容 提 要

MySQL 数据库是当前最主流的关系数据库之一。本书采用任务驱动教学的形式详细讲解 MySQL 数据库的各种操作，帮助读者快速熟练地掌握 MySQL 数据库。本书主要内容包括认识数据库，MySQL 数据库初体验，数据的基本操作，高级查询，存储过程，事务、视图、索引、备份和恢复，数据库规范化设计，综合实战——银行 ATM 存取款机系统等。本书不仅在重要章节配备了以二维码为载体的微课，而且配有丰富的学习资料，包括技术文档、案例素材、技能实训源码等。

本书可作为高等院校计算机类专业、电子信息类专业及相关专业的 MySQL 数据库课程的教材，也可作为各类培训机构 MySQL 数据库技术的培训用书。

◆ 主　　编　肖　睿　李鲲程　范效亮　周光宇
副 主 编　邓晓宁　孙亚非　吴　俭
责任编辑　祝智敏
责任印制　王　郁　陈　犇

◆ 人民邮电出版社出版发行　　北京市丰台区成寿寺路 11 号
邮编　100164　　电子邮件　315@ptpress.com.cn
网址　https://www.ptpress.com.cn
大厂回族自治县聚鑫印刷有限责任公司印刷

◆ 开本：787×1092　1/16
印张：14.25　　　　　　　2022 年 6 月第 2 版
字数：292 千字　　　　　2023 年 4 月河北第 4 次印刷

定价：59.80 元

读者服务热线：(010)81055256　印装质量热线：(010)81055316
反盗版热线：(010)81055315
广告经营许可证：京东市监广登字 20170147 号

编 委 会

前　言

  21 世纪是"信息爆炸的时代"。信息通过多种形态的媒体，在网络中大量传播。互联网技术的发展，更把信息的传递推向了至高点。如何有效管理和过滤这些纷繁复杂的海量信息，如何快速从网上的海量信息中"淘"出有用的信息，已成为 IT 开发领域中重要的研究方向。而数据库作为数据的仓库，无疑是管理数据、操作数据的最优方式之一。

  2018 年，课工场根据多年积累的职业教育经验和详细的企业调研，编写了《MySQL数据库应用技术及实战》。该书先后印刷多次，受到读者的关注和欢迎。

  近几年数据库技术飞速发展，为了更好地满足读者的实际应用需要，我们在调研和收集读者反馈意见后修订了此书。此次改版首先在知识介绍上进行了改进，尽量结合实际应用案例讲解知识，使知识的学习更加形象、具体化；然后增加一章存储过程的内容，使知识结构更加丰富、合理。我们希望读者通过书中丰富的案例和项目学习，可以快速掌握主流关系数据库的使用方法。

● 学习路线图

  为了帮助读者快速了解本书的知识结构，我们整理了如下学习路线图。

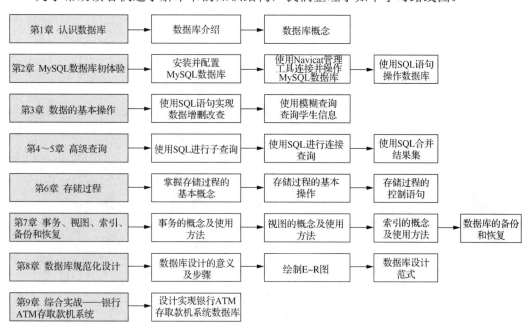

● 本书特色

（1）实践性强。本书以学生信息管理系统数据库作为贯穿项目，将技能点有机整合并串联起来，降低了学习难度，提高了学习的参与感。本书选取银行 ATM 存取款机系统设计作为实战内容，该项目无缝对接真实生产环境，满足真实数据库开发需求。

（2）科学设计。编者从岗位需求分析和用户能力分析中提取总体课程体系，保证研发的教材符合岗位应用的需求，从而帮助读者提升学习效果。

（3）资源丰富。在科学设计学习路径的同时，本书还强调教学场景的支持和教学服务的支撑。本书的配套资源主要包括教学 PPT、教学素材及示例代码、作业及答案、微课视频等，读者可以通过访问人邮教育社区（http://www.ryjiaoyu.com）下载。

本书由课工场大数据开发教研团队组织编写，参与编写的还有李鲲程、范效亮、周光宇、邓晓宁、孙亚非、吴俭等高校老师。尽管编者在写作过程中力求准确、完善，但书中不妥之处仍在所难免，殷切希望广大读者批评指正！

编者
2021 年 12 月

目　录

认识数据库

技能目标

❖ 掌握数据库相关术语。
❖ 了解常见数据库。
❖ 掌握数据库基础概念。

本章任务

❖ 掌握数据库的基本概念。

1.1 任务 1：掌握数据库的基本概念

1.1.1 数据库介绍

数据库基本概念

数据库（Database，DB）技术是程序开发人员必须掌握的技术之一，数据都是保存在内存中的，一旦程序运行完毕，内存中的这些数据信息也会随之消失。如果用户想长期保存数据，并且想对数据进行整理，该怎么办呢？从本章开始学习的数据库技术就能够解决这样的问题。有调查数据显示，目前 70%以上的应用软件都需要使用到数据库系统，也就是说，大多数应用系统都需要对数据进行分类、存储和检索。

1. 术语解释
- 术语：信息

在日常生活中经常听到一个名词"信息"。信息在我国古代被称为"消息"。信息直接与内容挂钩，它泛指人类社会传播的一切内容。

- 术语：数据

数据不等于信息，数据是对客观事件进行记录并可以鉴别的符号，在计算机系统中，数据以二进制数码 0、1 的形式表示。数据是数据库中存储的基本对象，其形式除了最基本的数字外，还有文字、图片、视频、音频等。

- 术语：大数据

大数据是一个数据集具有体量巨大、类型多样、处理速度快、价值密度低等特点，因此无法用传统数据库工具对其内容进行提取、管理和处理，大数据是数据由量变到质变产生的一个概念，并由其发展出一整套大数据相关技术。

2. 什么是数据库

简而言之，数据库就是存放数据的仓库，是为了实现一定目的、按照某种规则组织起来的数据的集合。从广义角度定义，计算机中任何可以保存数据的文件或者系统都可以被称为数据库，如一个 Word 文件、一个 Excel 文件等。在 IT 专业领域中，数据库系统（Database System，DBS）一般是指由专业技术团队开发的用于存储数据的软件系统。专业的数据库系统需要具有较小的数据冗余度、较高的数据安全性和易扩展性。

3. 使用数据库的必要性

随着互联网技术的高速发展，网民数量激增的同时带动了网上购物、网络社交、网络视频等新产业的发展。那么，随之而来的就是庞大的网络数据量。

如何安全、有效地对数据进行存储、检索、管理，如何对数据进行高效访问、方便共享和安全控制，成为信息时代一个非常重要的问题。

数据库可以高效且条理分明地存储数据，它使人们能够更加迅速和方便地管理数据，其优点主要体现在以下几个方面。

（1）可以结构化存储大量的数据信息，方便用户进行有效的检索和访问。数据库可以对数据进行分类保存，并且能够提供快速的查询。例如，百度搜索正是基于数据库和数据分类技术来为网民提供快速搜索的功能与服务。

（2）可以有效地保持数据信息的一致性、完整性，降低数据冗余。数据库可以很好地保护数据的有效性，使其不被破坏，而且数据库自身有避免数据重复的功能，以此来降低数据的冗余。

（3）可以满足应用的共享和安全方面的要求。很多情况下，把数据放在数据库中也是出于安全的考虑。例如，若把所有员工信息和工资信息都放在磁盘文件中，则其保密性就无从谈起；若把员工信息和工资信息放在数据库中，则员工信息可以只允许员工查询或修改，而工资信息只允许财务人员查看，从而能够保证数据的安全性。

4. 常见数据库

在数据库技术日新月异的今天，主流的数据库代表着成熟的数据库技术，体现着当前数据库技术发展的程度，以及未来的发展趋势。常见数据库模型如图 1.1 所示。

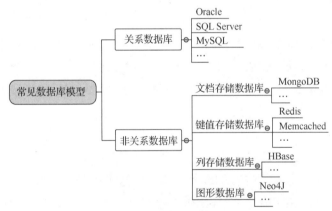

图1.1　常见数据库模型

20 世纪 80～90 年代是关系数据库产品发展和竞争的时代，在市场逐渐淘汰了第一代数据库管理系统的大局面下，Oracle、SQL Server、MySQL 等一批很有实力的关系数据库产品走到了主流商用数据库的位置。

（1）Oracle 简介

Oracle 是 Oracle（甲骨文）公司的数据库产品。甲骨文公司成立于 1977 年，最初就是专门的数据库公司，为大、中、小型计算机提供数据库产品，Oracle 数据库在那时就已经相当成熟。1984 年，甲骨文公司将 Oracle 移植到台式计算机，其版本为 Oracle 4.0 版本。20 世纪 90 年代末期，甲骨文公司又推出了更新的版本 Oracle 9i，全面支持

Internet 应用。不久之后，甲骨文开发的工具套件 Oracle 10g 问世。Oracle 10g 是业界第一个完整的智能化的 Internet 基础架构，可用于快速开发使用 Java 和 XML 语言的 Internet 应用和 Web 服务，支持任何语言、任何操作系统、任何开发风格、开发生命周期的任何阶段及所有最新的互联网标准。之后，甲骨文继续推出了 Oracle 11g 和 Oracle 12c 等数据库产品。目前，Oracle 产品已经覆盖了包括个人计算机在内的大、中、小型计算机等几十个机型。

（2）SQL Server 简介

SQL Server 是微软公司的数据库产品，SQL Server 源于 Sybase SQL Server。在设计上，SQL Server 大量利用了 Microsoft Windows 操作系统的底层结构，可直接面向 Microsoft Windows 操作系统，尤其是 NT 系列服务器操作系统。

SQL Server 作为一个商业化的产品，它的优势是微软产品所共有的易用性。Microsoft Windows 拥有最多的用户群，微软所有的产品都遵循相似、统一的操作习惯。一个对数据库基本概念熟悉的 Windows 用户，可以很快地学会使用 SQL Server。Windows 系统的易用性也可以让数据库管理员更容易、更方便、更轻松地对数据库进行管理。SQL Server 的缺点是基本上不能移植到其他操作系统上，就算勉强移植，也无法发挥很好的性能。

（3）MySQL 简介

MySQL 是一种开放源代码的关系数据库管理系统（Relational Database Management System，RDBMS），由于 MySQL 是开源的，因此任何人都可以在通用公共许可证（General Public License，GPL）的许可下下载，并根据个性化的需要对其进行修改。MySQL 以其速度快、可靠性强和适应性强而备受欢迎，在不需要支持事务处理的情况下，大多数数据库管理员都选择 MySQL 来管理数据。

MySQL 关系数据库管理系统于 1998 年 1 月发布第一个版本。它使用系统核心提供的多线程机制提供完全的多线程运行模式，包括面向 C、C++、Eiffel、Java、Perl、PHP、Python 及 TCL 等编程语言的编程接口，支持多种字段类型，并且包括完整的操作符，支持查询中的 SELECT 和 WHERE 操作。很多大型的网站也用到 MySQL，它的发展前景非常光明。

① MySQL 的版本

目前 MySQL 关系数据库管理系统按照用户群的不同，分为社区版（Community）和企业版（Enterprise），这两个版本的主要区别如下。

- 社区版。社区版可自由下载且完全免费，但官方不提供任何技术支持，适用于大多数普通用户。

- 企业版。企业版不能自由下载且收费，该版本提供了更多的功能，可以享受完备的技术支持，适用于对数据库的功能和可靠性要求比较高的企业用户。

MySQL 版本更新非常快，从 MySQL 5 开始支持触发器、视图、存储过程等数据库对象。本书使用的版本为 MySQL 5.7。

② MySQL 的优势

相对其他数据库产品而言，MySQL 的主要优势如下。

- 运行速度快。MySQL 体积小，命令执行速度快。

- 使用成本低。MySQL 是开源的，且提供免费版本，对大多数用户来说大大降低了使用成本。

- 容易使用。与其他大型数据库的设置和管理相比，MySQL 复杂程度较低，易于使用。

- 可移植性强。MySQL 能够运行于多种操作系统上，如 Windows、Linux、UNIX 等。

- 适用于更多用户。MySQL 支持最常用的数据管理功能，适用于中小型企业甚至大型网站。

注意

很多软件开发企业在招聘的时候通常要求应聘者"熟练使用 MySQL、Oracle、SQL Server 等一种或者多种数据库"，而不会严格要求会使用哪一种数据库，这是因为多数数据库的数据存储、数据查询方式都大同小异，甚至某些操作命令都是一样的。

由于每一种数据库都存在不同的适用场景以及具有不同的优劣势，所以，选择哪种数据库进行开发，需要根据公司业务需求以及团队技术能力等因素综合考虑。

1.1.2　数据库概念

1. 实体和数据库表

在程序开发技术的学习中，也许你听到过"实体"（Entity）一词。在数据库中，实体是指所有客观存在的、可以被描述的事物。例如，计算机、人、课本、桌子甚至课本的结构，都是客观存在的、可以被描述的，这些都称为实体。

在数据库中，对实体的描述是通过它们所具有的特性来实现的。例如，针对人和书本，描述的方面是不一样的。针对人，我们可能说明其编号、姓名、年龄、民族、收入及职业等；而针对书本，我们要描述的重点应当是书本的价格、章节数、页数、作者、出版社、出版日期等。数据库中的数据就是实现按照一定的格式进行存储的，而不是杂乱无章的，相同格式和类型的数据统一存放在一起，类似一个装满数据的表格，如图 1.2 所示。

我们从图 1.2 的数据表格中可以看到，表格中的一"行"（Row）实际上对应一个实体，在数据库中，通常称为一条"记录"（Record）；表格中的"列"，如编号、姓名、年龄、民族等，在数据库中，通常称为"字段"（Field）。

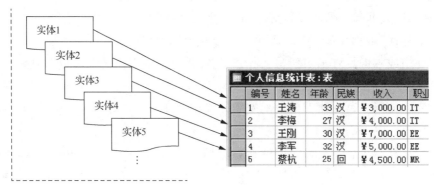

图1.2　数据存储方式

　　我们把图 1.2 中所示的将相同类型的记录组织在一起的数据结构称为"表"（Table），表是实体的集合，用来存储具体的数据。那么，上面提到的书本的信息存储在哪里呢？跟人的信息一样，书本的信息也应当存储在一张表中。但需要注意的是，并不是一张表就是一个数据库，那么数据库和表存在怎样的关系呢？

　　简单地说，表是记录的集合，而数据库是表的集合。但是，通常数据库并不只是简单地存储这些实体的数据，它还要表达实体之间的关系。例如，书本和人是存在联系的，书本的作者可能就是某个人，因此需要建立书本与人的"关系"（Relationship），"关系"的描述也是数据库的一部分。除此之外，在处理一些复杂的业务逻辑时，基于开发效率和程序运行效率的考虑，我们通常会创建一些除数据库表之外的其他数据库对象，这些对象会在后续的课程中学到。

　　逻辑上，数据库包括数据表、关系表及其他各种数据库对象。数据库表与数据库的关系如图 1.3 所示。

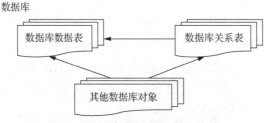

图1.3　数据库表与数据库的关系

　　在早期数据库技术并不发达的时候，实体之间的"关系"常用关系表达式来实现。在数据库技术相当发达的今天，很多"关系"被高度抽象，已成为较统一的概念，通过键、类型、规则、权限和约束等抽象概念来表达。

　　数据库的发展和需求的增加催生了许多其他辅助的操作对象，如存储过程、视图、操作数据行的游标等。这些操作对象也逐渐成为数据库的一部分。

　　2．数据库管理系统和数据库系统

　　数据库管理系统（Database Management System，DBMS）是一种系统软件，由一

个互相关联的数据集合和一组访问数据的程序构成。简而言之，数据库管理系统就是管理数据库的系统，其包括数据库及用于访问、管理数据库的接口系统。通常我们也会把数据库管理系统直接称为数据库。从严格意义上来说，MySQL 属于数据库管理系统，但是通常也称作 MySQL 数据库。

数据库管理系统的主要功能是维护数据库，并方便、有效地访问数据库中各个部分的数据。数据库管理系统与数据库的关系如图 1.4 所示。

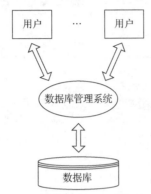

图1.4　数据库管理系统与数据库的关系

数据库系统（Database System，DBS）是一个实际可运行的系统，可以对系统提供的数据进行存储、维护和应用，它是由存储介质、处理对象和管理系统组成的集合体，通常由软件、数据库以及数据库管理员组成。

数据库管理员（Database Administrator，DBA）是指在数据库系统中负责创建、监控和维护整个数据库的专业管理人员。数据库系统的总体结构如图 1.5 所示。

图1.5　数据库系统的总体结构

3. 数据冗余和数据完整性

在数据库系统中，数据重复的现象就是数据冗余（Data Redundancy）。例如，在企业员工信息数据库中，个人信息统计表 1-1 所记录的两条员工信息中都出现了"人事管理部"，即存在重复的数据，在数据库中我们就认为其是数据冗余，有简化的必要。减少数据冗余最常见的方法是分类存储。调整后的数据库表如表 1-2 至表 1-4 所示。

数据冗余和数据完整性

表 1-1　个人信息统计表

编号	姓名	年龄	民族	部门
1	王涛	33	汉族	人事管理部
2	李梅	27	回族	人事管理部

表 1-2　修改后的个人信息统计表

编号	姓名	年龄	民族编码	部门编码
1	王涛	33	1	1
2	李梅	27	2	1

表 1-3　民族编码表

民族编码	民族
1	汉族
2	回族

表 1-4　部门编码表

部门编码	部门
1	人事管理部
2	市场营销部

　　这样的方法可以减少数据冗余，但会增加数据查找的复杂性。例如，如果要查找民族为"汉族"的员工信息，原来只需要查找一个表，现在就需要先检索表 1-3，然后依据部门编码检索表 1-4，这样无疑增加了查找的复杂性，降低了效率，因此在数据库中，通常允许有必要的数据冗余。

　　数据的完整性（Data Integrity）是指数据库中数据的准确性。如果两个或更多的表由于存储信息而互相关联，那么只要修改了其中一个表，与之相关的所有表都要做出相应的修改，否则，存储的数据就不再准确，也就是说，失去了数据的完整性。

　　例如，一个图书馆系统中，一个会员要退出，于是管理员更新了会员表，但是没有更新记录会员书籍借阅和归还数据的详细记录表，因此，尽管这个人不再是图书馆的会员了，但是书籍借阅和归还资料表中仍然存在他借阅和归还书籍的信息，甚至可能在月底结算罚金数时，这个不存在的会员还会被罚款。这种不能够反映实际情况的数据不具备完整性。

　　再如，在存储学生信息的表中，如果允许任意输入学生信息，那么可能会重复输入同一个学生的信息；如果不对表中存储的年龄信息加以限制，那么学生的年龄可能会出现负数，这样的数据也不具备完整性。

　　数据冗余和数据不完整通常是由设计不当引起的，实际应用中要求数据库不能存在大量的数据冗余，并且要确保数据的完整性，这就要求管理员对数据库表进行合理的设计和约束。

为了实现数据的完整性，数据库需要做以下两方面的工作。

（1）检验每行数据是否符合要求。

（2）检验每列数据是否符合要求。

为实现以上要求，数据库提供以下 3 种类型的约束（Constraint）。

（1）实体完整性约束。实体完整性要求表中的每一行数据都反映不同的实体，不能存在相同的数据行。通过索引、唯一约束、主键约束或标识列属性，可以实现表的实体完整性。这些方法将在后面章节中介绍。

（2）域完整性约束。域完整性是指给定列输入的有效性。限制数据类型、检查约束、输入格式、外键约束、默认值、非空约束等多种方法，均可以实现表的域完整性。这些方法将在后面章节中说明。

（3）引用完整性约束。在输入或删除数据行时，引用完整性约束用来保持表之间已定义的关系。

例如，在管理学生信息的时候，一个表是学生信息表，用来存储学生的信息；另一个表是学生成绩表，用来存储学生成绩的详细情况，并且学生成绩表中的一列数据与学生信息表中的一列数据相同号，都用来表示学生的学号信息，如图 1.6 所示。

学生信息表

学　号	姓　名	地　址	…
0010012	李山	山东定陶	
0010013	吴兰	湖南新田	
0010014	雷铜	江西南昌	
0010015	张丽鹃	河南新乡	
0010016	赵可以	河南新乡	

学生成绩表

科　目	学　号	分　数	…
数学	0010012	88	
数学	0010013	74	
语文	0010012	67	
语文	0010013	81	
数学	0010016	98	

图1.6　学生成绩管理

可以看出这两个表建立了"关系"，学生信息表是"主表"，学生成绩表是"从表"（有时也叫作"相关表"）。

两个表建立了引用完整性约束后，MySQL 禁止用户进行下列操作。

① 当主表中没有关联的记录时，将记录添加到从表中。例如，学生成绩表中不能够出现在学生信息表中不存在的学号。

② 更改主表中的值并导致相关表中的记录孤立。例如，如果学生信息表中的学号改变了，学生成绩表中的学号也应当随之改变。

③ 从主表中删除记录，但在相关表中仍存在与该记录匹配的相关记录。例如，如果把学生信息表中的某一位学生信息删除了，则该学生的学号不能出现在学生成绩表中。

引用完整性通过主键和外键之间的引用关系来实现。

4. 自定义完整性约束

用户自定义完整性用来定义特定的规则。例如，在向用户信息表中插入一条用户记录时，需要通过身份证号来检查在另外一个数据库中是否存在该用户，以及该用户的信誉度是否满足要求等。若用户的信誉度不满足要求，则不能够插入该条记录，这个时候就需要使用数据库的规则、存储过程等方法来进行约束。这些方法将在后面说明。

5. 主键和外键

通过以上的学习，我们了解了数据冗余和数据完整性的相关概念。为了解决这些问题，随着数据库技术的发展，主键和外键的概念应运而生。

（1）主键（Primary Key）

如果在表中存储了很多行数据，就会引发这样的问题：如何判断表中有无重复的数据行？如何判断一个学生的信息有无被重复输入？

这就需要有一个列，该列的值用来唯一标识表中的每一行，用于强制表的实体完整性，这样的列称为表的主键。

例如，在学生信息表中，"学号"列可以唯一地标识不同的学生，因此可以把该列设置为主键。该列被设置为主键以后，就能保证数据库中不再出现重复的学号了，如图 1.7 所示。

学生信息表

主键列

学　号	姓　名	地　址	…
0010012	李山	山东定陶	
0010013	吴兰	湖南新田	
0010014	雷铜	江西南昌	
0010015	张丽鹃	河南新乡	
0010016	赵可以	河南新乡	

0010015	李爽	云南大理	

图1.7　主键列中禁止出现重复的数据

一个表只能有一个主键，并且主键列不允许出现空值（NULL），尽管有的表中允许没有主键，但是通常情况下建议为表设置一列作为主键。

注意

> 如果两列或多列组合起来唯一地标识表中的每一行，则该主键叫作"复合主键"。

有时候，在同一张表中有多个列可以用来作为主键，在选择哪列作为主键的时候，需要考虑最少性和稳定性两个原则。

- 最少性是指列数最少的键。如果可以从单个主键和复合主键中选择，应该选择单个主键，这是因为操作一列比操作多列要快。当然该规则也有例外，例如，两个整数类型的列的组合比一个很大的字符类型的列操作要快。

- 稳定性是指列中数据的特征。由于主键通常用来在两个表之间建立联系，所以主键的数据不能经常更新。理想情况下，其应该永远不变。

（2）外键（Foreign Key）

在数据库设计中，学生的信息和学生的考试成绩是存放在不同的数据表中的。在学生成绩表中，可以存储学生的学号来表示是哪个学生的考试成绩，这又引发了一个问题：如果在学生成绩表中输入的学号根本不存在（如输入的时候把学号写错了），该怎么办？这个时候，就应当建立一种"引用"的关系，确保从表中的某个数据项在主表中必须存在，以避免上述错误发生。"外键"就是用来实现这个目的的，它是相对于主键而言的，就是从表中对应于主表的列，在从表中称为外键或者引用键，它的值要求与主表的主键或者唯一键相对应，外键用来强制引用完整性。一个表可以有多个外键。

在了解了数据库的一些基本概念后，接下来就可以正式进行 MySQL 数据库的学习了。

本章小结

本章学习了以下知识点。

1. 信息、数据、大数据的概念。

2. 数据库简而言之就是存放数据的仓库。

3. 常见的关系数据库有 Oracle、SQL Server、MySQL，非关系数据库有 MongoDB。

4. 数据库管理系统包括数据库及用于访问管理数据库的接口系统。

5. 数据库管理员是指在数据库系统中负责创建、监控和维护整个数据库的专业管理人员。

6. 数据库表的基本概念：实体、数据冗余和数据完整性、约束、主键和外键。

本章练习

描述常见的关系数据库及各数据库的特点。

MySQL 数据库初体验

- ❖ 会安装并配置 MySQL 数据库。
- ❖ 会使用 Navicat 管理工具连接并操作 MySQL 数据库。
- ❖ 会使用 SQL 语句操作数据库。

本章任务

- ❖ 安装并配置 MySQL 数据库。
- ❖ 使用 Navicat 管理工具连接并操作 MySQL 数据库。
- ❖ 使用 SQL 语句操作数据库。

2.1 任务 1：安装并配置 MySQL 数据库

任务目标

❖ 掌握 MySQL 的安装方法。

❖ 掌握 MySQL 的配置方法。

❖ 会启动、停止和连接 MySQL 服务。

2.1.1 安装 MySQL

MySQL 的
安装和配置

MySQL 可以从官网选择合适的版本下载并安装。为统一版本，这里采用 MySQL 5.7。官网提供了 MySQL Installer（即安装程序）和 MySQL ZIP Archive（即压缩包形式的免安装版本）两种下载方式，推荐使用 MySQL Installer，这种下载方式是基于向导的安装和配置，更加简单易操作。这里以 MySQL Installer 为例讲解 MySQL 的安装和配置。MySQL 安装界面如图 2.1 所示。

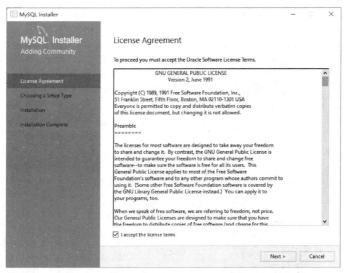

图2.1　MySQL安装界面

勾选"I accept the license terms"复选框，单击"Next"按钮，进入选择安装类型界面，如图 2.2 所示。MySQL Installer 为用户提供了 5 种安装类型，其中"Developer Default"提供 MySQL 全产品安装。用户可以根据自己的需求选择安装类型，这里采用的是 Custom 自定义安装类型，从而可以选择最小化安装。

单击"Next"按钮打开选择产品和特性界面。这里选择安装 MySQL Server 5.7（可以根据开发需求选择安装除 MySQL Server 以外的其他 MySQL 产品），如图 2.3 所示。

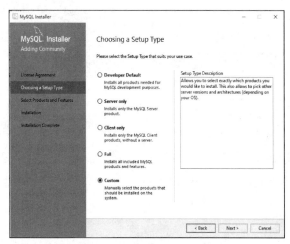

图2.2 选择安装类型界面

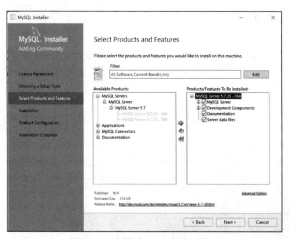

图2.3 选择产品和特性界面

单击"Next"按钮，在打开的等待安装界面（见图 2.4）中，单击"Execute"按钮，等待安装完成。MySQL 安装完毕界面如图 2.5 所示。

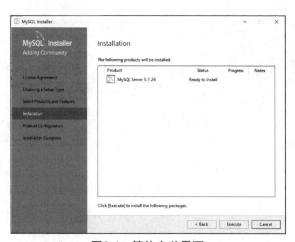

图2.4 等待安装界面

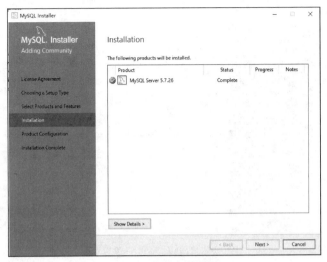

图2.5　安装完毕界面

2.1.2　配置 MySQL

下面介绍 MySQL Server 5.7 配置过程中需要注意的几个环节。

1. **配置** High Availability

在安装完毕界面（见图 2.5）中，单击"Next"按钮，会默认启动 MySQL 服务器配置界面，如图 2.6 所示。其中第一项是配置 High Availability（高可用性）

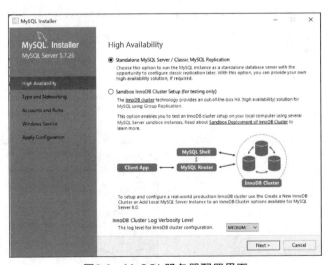

图2.6　MySQL服务器配置界面

因为要独立运行 MySQL 服务器，这里默认选择单选项"Standalone MySQL Server/Classic MySQL Replication"。

2. **配置** Type and Networking

在图 2.6 所示的配置界面中单击"Next"按钮，打开 Type and Networking（类型和网络）配置界面，可设置服务器的服务类型和连接端口，如图 2.7 所示。

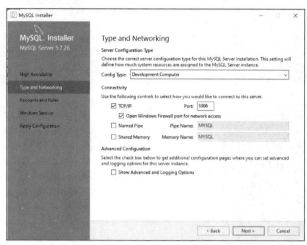

图2.7　类型和网络配置界面

这里在"Config Type"下拉列表中选择"Development Computer"。端口设置中，默认勾选"TCP/IP"复选框，即启用 TCP/IP 网络，本书使用端口默认为 3306，当然也可以选择其他端口，但需保证预选择端口未被占用。勾选"Open Windows Firewall port for network access"复选框，即防火墙将允许用户通过该端口访问数据库。

 提示

　　Development Machine（开发机器），该选项代表典型个人用桌面工作站。假定机器上运行着多个桌面应用程序，该选项可以将 MySQL 服务器配置成使用最少的系统资源。建议选择该项，这样能够节省系统资源。

3．配置 Account and Roles

在图 2.7 所示的类型和网络配置界面中单击"Next"按钮，进入 Account and Roles（账户和角色）配置界面，如图 2.8 所示。

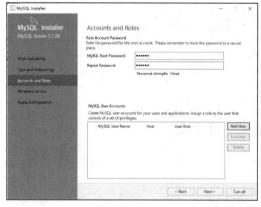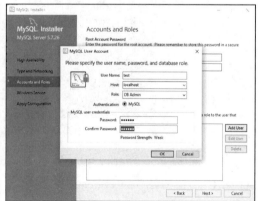

图2.8　账户和角色配置界面

在账户和角色配置界面中，若设置 root 账户的密码为 123456，系统会自动提示密码安全性"Password Strength：Weak"。另外，在该界面还可以添加其他管理员，单击 "Add User"按钮，输入用户名、选择 Host、设置用户角色、输入密码后即可添加，单击"OK"按钮后提交该用户信息并关闭该界面。

4. **配置 Windows Service**

在图 2.8 所示的账户和角色配置界面中单击"Next"按钮，打开 Windows Service （Windows 服务）配置界面，如图 2.9 所示。

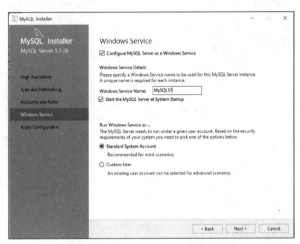

图2.9　Windows服务配置界面

在图 2.9 所示的 Windows 服务配置界面中，默认勾选"Configure MySQL Server as a Windows Service"复选框，另外需设置 Windows 服务的名称，这里默认是 "MySQL57"。勾选"Start the MySQL Server at System Startup"复选框，设置开机启动 MySQL 服务。单击"Next"按钮，打开图 2.10 所示的显示配置步骤界面，单击"Execute" 按钮进行安装配置。

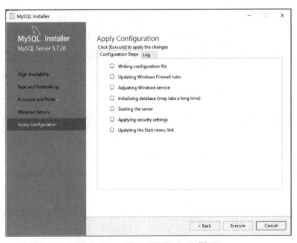

图2.10　显示配置步骤界面

配置完成后，显示配置完成界面，如图 2.11 所示。

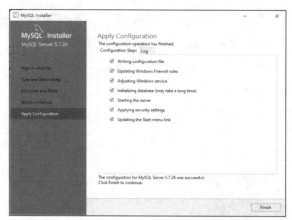

图2.11　MySQL配置完成界面

单击"Finish"按钮，完成 MySQL 的安装和配置。MySQL 安装完成界面如图 2.12 所示。

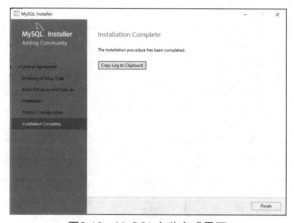

图2.12　MySQL安装完成界面

安装完成后，运行下载的安装程序，打开图 2.13 所示的安装程序界面，可以看到已安装的 MySQL Server。用户可以根据需要重新添加新产品、修改或移除已安装的产品。

图2.13　安装程序界面

5．配置字符集

到目前为止，我们已经通过安装程序完成了参数的设置。安装完成后，MySQL 安装目录包含很多文件夹和文件，其中有 4 个比较重要的文件夹，它们的作用分别介绍如下。

（1）bin：用于存放可执行文件。

（2）include：用于存放头文件。

（3）lib：用于存放库文件。

（4）share：用于存放字符集、语言等文件。

另外，如果程序安装在 C 盘，在 C:\ProgramData\MySQL\MySQL Server 5.7 目录中，可以找到 MySQL 正在使用的配置文件 my.ini，如图 2.14 所示。

图2.14　MySQL配置文件

通过修改 my.ini 文件，用户可以实现手动配置数据库服务器 MySQL，常用的参数如下。

（1）default-character-set：客户端默认字符集。

（2）character-set-server：服务器端默认字符集。

（3）port：客户端和服务器端的端口号。

（4）default-storage-engine：MySQL 默认的存储引擎。

本书设置字符集为 UTF-8，其设置方式如下所示。

```
default-character-set=utf8
character-set-server=utf8
```

 注意

UTF-8 是一种针对 Unicode 的可变长度字符编码，又被称为万国码。它是用于解决国际上字符不统一的问题的一种多字节编码。它对英文使用 8 位（1 字节）来编码，对中文使用 24 位（3 字节）来编码，包含全世界所有国家需要用到的字符。UTF-8 是国际编码，通用性强。UTF-8 的文字可以在各国支持 UTF-8 字符集的浏览器上显示，即在国外的浏览器上也能显示中文，无须下载中文语言支持包。

6. 将 bin 路径写入环境变量

将安装目录 bin 文件夹的完整路径（C:\Program Files\MySQL\MySQL Server 5.7\bin）写入 Path 环境变量。

2.1.3 命令行连接 MySQL

上文介绍了如何安装和配置 MySQL，为操作数据库提供了必备的软件环境，下面介绍如何启动 MySQL 服务及如何连接 MySQL 数据库。

命令行连接
MySQL

1. 检查服务是否启动

所谓 MySQL 服务是指一系列关于 MySQL 软件的后台进程，只有启动了 MySQL 服务，才能连接 MySQL 数据库进行操作。启动步骤介绍如下（以 Windows10 操作系统为例）。

（1）打开"计算机管理"窗口。

（2）选择"计算机管理（本地）"→"服务和应用程序"→"服务"节点，右侧窗格中将显示 Windows 系统的所有服务，其中包含 MySQL57 服务，如图 2.15 所示。

图2.15　MySQL57服务

（3）通过查看 MySQL 服务我们可以发现该服务已经处于启动状态。双击 MySQL57 服务，可以通过"MySQL57 的属性"对话框设置服务的状态。如果需要经常操作 MySQL，可以将启动类型设置为自动，否则可设置为手动，这样可以避免 MySQL 服务长时间占用系统资源，如图 2.16 所示。

如果修改了 MySQL 软件的配置文件，必须重新启动 MySQL，修改的内容才能生效。除通过操作系统提供的界面设置服务外，还可以通过在 DOS 窗口（选中 C:\Windows\System32\cmd.exe，右击选择"以管理员身份运行"选项）输入"net start mysql57"指令启动 MySQL 服务；输入"net stop mysql57"指令停止 MySQL 服务，如图 2.17 所示。

图2.16　"MySQL57的属性"对话框

图2.17　通过命令行启动和停止MySQL服务

2. 命令行方式连接 MySQL

进入 DOS 窗口，通过 MySQL 命令可登录 MySQL 服务器，具体命令如下。

```
mysql -h 服务器主机地址 -u 用户名 -p 密码
```

如果是在本机操作，可省略 -h 参数。

-p 后面可以不写密码，按 Enter 键后可输入密码。如果写密码，-p 和密码间没有空格。例如，使用 root 账号登录 MySQL 服务器的命令如下，按 Enter 键后输入密码。

```
mysql -u root -p
```

登录后的结果如图 2.18 所示。

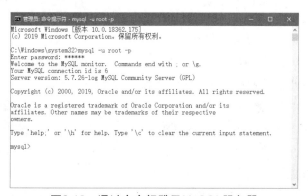

图2.18　通过命令行登录MySQL服务器

提示

当窗口出现如图 2.18 所示的说明信息，命令行提示符变为 "mysql>" 时，表明我们已经成功登录 MySQL 服务器了，可以开始对数据库进行操作。

在这里，我们也可以通过 MySQL 自带的 "MySQL 5.7 Command Line Client" 登录 MySQL 数据库，无须输入 DOS 命令，只需按提示输入密码，如图 2.19 所示。

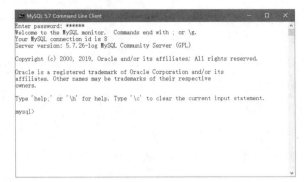

图2.19　通过"MySQL 5.7 Command Line Client"登录MySQL数据库

> **⚠ 注意**
>
> 登录之后，可以使用以下指令查看当前的 MySQL 版本信息及连接用户名：
> ```
> SELECT VERSION();
> SELECT USER();
> ```
> 执行结果中，VERSION()函数返回 MySQL 的版本号，如"5.7.26-log"；USER()
> 函数返回连接数据库的用户名，如"root@localhost"。

3. MySQL 中数据库的类型

MySQL 中的数据库可分为系统数据库和用户数据库两大类。

（1）系统数据库

安装完 MySQL 服务器后，MySQL 会附带 4 个系统数据库，具体如下。

① information_schema：主要存储系统中的一些数据库对象信息，如用户表信息、字段信息、权限信息、字符集信息和分区信息等。

② performance_schema：主要存储数据库服务器性能参数信息。

③ mysql：主要存储系统的用户权限信息。

④ sys：MySQL 5.7 之后引入的一个新的 sys 数据库，sys 库里面的表、视图、函数以及存储过程可以让用户快速了解 MySQL 的一些信息，它的数据来源于 performance_schema。

（2）用户数据库

用户数据库是用户根据实际需求创建的数据库。本章后面的讲解将主要针对用户数据库。

上机练习 1　完成对 MySQL 数据库的配置

通过配置向导完成对 MySQL 数据库的配置，要求如下。

（1）端口号设置：使用默认端口 3306。

（2）root 密码设置：设置为 root。

（3）环境变量设置：将 MySQL 安装目录下 bin 文件夹的完整路径写入环境变量。

（4）默认字符集设置：使用 UTF-8 字符集。

2.1.4　SQL 简介

通过前面内容的学习，我们已经掌握了 MySQL 数据库相关基础知识，也学会了连接数据库的步骤，这些为后续操作数据做好了准备。下面将介绍如何使用 SQL 语句来进行数据库的相关操作。

1．SQL 的含义

结构化查询语言（Structured Query Language，SQL）的概念是在 1974 年提出来的。经过多年的发展，SQL 已成为关系数据库的标准语言。SQL 不同于 Java 这样的程序设计语言，它是只能被数据库识别的指令，但是在程序中，可以利用其他编程语言组织 SQL 语句发送给数据库，数据库再执行相应的操作。例如，在 Java 程序中要得到 MySQL 数据库表中的记录，可以在 Java 程序中编写 SQL 语句，再发送给数据库，数据库根据接收到的 SQL 语句执行，并把执行结果返回给 Java 程序。

2．SQL 的组成

根据功能划分，SQL 主要由以下几部分组成。

（1）DML（Data Manipulation Language，数据操作语言，也称为数据操纵语言）：用来插入、修改和删除数据库中的数据，如 INSERT、UPDATE、DELETE 等。

（2）DDL（Data Definition Language，数据定义语言）：用来建立数据库、数据库对象，定义数据表结构等，大部分是以 CREATE 开头的命令，如 CREATE TABLE、CREATE VIEW、DROP TABLE 等。

（3）DQL（Data Query Language，数据查询语言）：用来对数据库中的数据进行查询，如 SELECT 等。

（4）DCL（Data Control Language，数据控制语言）：用来控制数据库组件的存取许可、存取权限等，如 GRANT、REVOKE 等。

除此之外，SQL 还包括变量说明、内部函数等其他命令。

3．SQL 中的常用运算符

运算符是一种符号，用来进行列间或者变量之间的比较和数学运算。在 SQL 中，常用的运算符包括算术运算符、赋值运算符、比较运算符和逻辑运算符。

（1）算术运算符。算术运算符用来对两个数或两个表达式执行数学运算，表达式可以是任意两个数字数据类型的表达式。算术运算符包括"+（加）、-（减）、*（乘）、/（除）、%（取模）"5 个，如表 2-1 所示。

表 2-1　SQL 中的算术运算符

运算符	说明
+	加运算，求两个数或表达式相加的和
-	减运算，求两个数或表达式相减的差
*	乘运算，求两个数或表达式相乘的积

续表

运算符	说明
/	除运算，求两个数或表达式相除的商，例如，5/5 的值为 1，5.7/3 的值为 1.900000
%	取模运算，求两个数或表达相除的余数，例如，5%3 的值为 2

（2）赋值运算符。SQL 有一个赋值运算符，即"="（等号），用于将一个数、变量或表达式赋值给另一个变量，如表 2-2 所示。

表 2-2　SQL 中的赋值运算符

运算符	说明
=	把一个数、变量或表达式赋值给另一个变量，例如，Name='王华'

（3）比较运算符。比较运算符用来判断两个表达式的大小关系。除 text、ntext 或 image 数据类型的表达式外，比较运算符几乎可以用于其他所有的表达式。SQL 中的比较运算符如表 2-3 所示。

表 2-3　SQL 中的比较运算符

运算符	说明
=	等于，例如，age=23
>	大于，例如，price>100
<	小于
<>	不等于
>=	大于或者等于
<=	小于或者等于
!=	不等于（非 SQL-92 标准）

比较运算符的计算结果为布尔数据类型，返回 TRUE 或 FALSE。

（4）逻辑运算符。逻辑运算符用来对某个条件进行判断，以获得判断条件的真假，返回带有 TRUE 或 FALSE 值的布尔数据类型，如表 2-4 所示。

表 2-4　SQL 中的逻辑运算符

运算符	说明
AND	当且仅当两个布尔表达式都为 TRUE 时，返回 TRUE
OR	当且仅当两个布尔表达式都为 FALSE 时，返回 FALSE
NOT	对布尔表达式的值取反，优先级别最高

 注意

以下代码的含义为年龄在 18～45 岁的非男性。

```
NOT（性别 = ' 男 '）AND（年龄 >=18 AND 年龄 <=45)
```

2.1.5　MySQL 数据库基本操作

上文讲解了 SQL 语句的相关知识，包括 SQL 语句的含义、组成和常用运算符，后续将重点介绍如何使用 SQL 语句创建数据库、查看数据库列表等相关操作。

1.　创建数据库

MySQL 中创建数据库的基本 SQL 语句的语法格式如下。

```
CREATE DATABASE 数据库名；
```

【示例 1】

创建 myschool 数据库。

关键代码：

```
CREATE DATABASE myschool;
```

运行结果如图 2.20 所示。

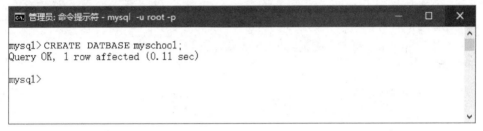

图2.20　示例1的运行结果

在 MySQL 中，以英文半角分号 ";" 作为一条命令的结束符，且在 Windows 系统下，默认不区分英文大小写。

 注意

执行 SQL 语句可以发现，下面有一行提示 "Query OK, 1 row affected (0.11 sec)"，这段提示可以分为三部分，含义分别如下。

（1）"Query OK" 表示 SQL 语句执行成功。

（2）"1 row affected" 表示操作影响的行数。

（3）"0.11 sec" 表示操作执行的时间。

2.　查看数据库列表

执行查看数据库命令可以查看已存在的数据库，语法格式如下。

```
SHOW DATABASES;
```

运行结果如图 2.21 所示。

从结果中发现，执行完该语句之后，会显示一个列表。该列表中除了有新建的 myschool 数据库之外，还有其他系统数据库。

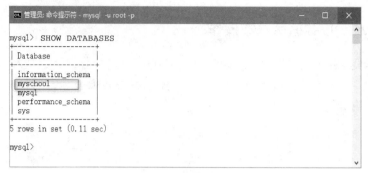

图2.21　查看数据库列表

3. 选择数据库

数据是存放在数据表中的，在对数据进行操作之前，首先需要确定该表所在的数据库。因此，需要先选择一个数据库。语法格式如下。

```
USE 数据库名 ;
```

【示例2】

选择使用 mybase 数据库、myschool 数据库。

关键代码：

```
USE mybase;
USE myschool;
```

运行结果如图 2.22 所示。

图2.22　示例2的运行结果

从结果中可以看出，如果选择的数据库不存在，则会报错；如果选择的数据库存在且用户有权限访问，则提示"Database changed"，表示数据库已切换。

4. 删除数据库

删除数据库的语法格式如下。

```
DROP DATABASE 数据库名 ;
```

【示例3】

删除 myschool 数据库。

关键代码：

```
DROP DATABASE myschool;
```

运行结果如图 2.23 所示。

图2.23 示例3的运行结果

从结果中可以看出，成功删除 myschool 数据库之后，通过查看数据库语句，可知该数据库在数据库列表中已不存在。

上机练习 2 使用命令行连接 MySQL 并操作数据库

（1）使用命令行连接 MySQL 数据库。

（2）创建 myschool 数据库，并完成查看所有数据库、选择和删除 myschool 数据库的操作。

2.2 任务2：使用 Navicat 管理工具连接并操作 MySQL 数据库

任务目标

❖ 掌握使用 Navicat 管理工具连接数据库的方法。

❖ 掌握 Navicat 管理工具操作数据库的基本方法。

❖ 会创建数据库。

除了使用命令行来操作 MySQL 数据库之外，我们还可以使用图形化管理工具来管理数据库。Navicat Premium 是一款功能强大的、可支持多连接的数据库管理工具，它允许用户在单一程序中同时连接多达 7 个数据库，包括 MySQL、MariaDB、MongoDB、SQL Server、SQLite、Oracle 和 PostgreSQL 数据库，使得不同类型的数据库的管理更加快速便捷。

Navicat
操作MySQL
数据库

用户可以使用 Navicat 快速、直观地完成对数据库的操作。该工具可从 Navicat 官网下载，官网有多个版本可供选择，这里采用 Navicat Premium 12 版本。Navicat 的安装过程较容易，此处不再赘述。

2.2.1 通过 Navicat 连接 MySQL 数据库

启动 MySQL 服务后，我们通过 Navicat 管理工具就可以实现对 MySQL 数据库的连接。下面介绍其登录过程。

（1）登录 MySQL。双击 Navicat 图标，打开 Navicat Premium 主界面，选择"文件"→"新建连接"→"MySQL"，打开新建连接窗口，正确输入数据库连接名、主

机、端口、用户名、密码，如图 2.24 所示。配置完毕后，可单击"测试连接"按钮，
查看连接是否成功。如果提示"连接成功"，则单击"确定"按钮保存该连接。

图2.24　通过Navicat连接MySQL界面

（2）连接 MySQL。配置成功后，在左侧区域显示数据库连接名"MySQL"，右击
连接名，在弹出的快捷菜单中选择"打开连接"选项，则在左侧的对象资源管理器中
会显示 MySQL 数据库管理系统中所有的数据库，如图 2.25 所示。

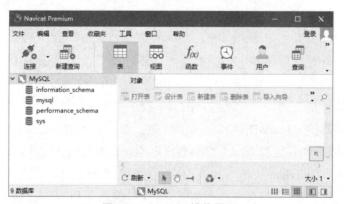

图2.25　Navicat操作界面

2.2.2　使用 Navicat 工具创建数据库

在 Navicat 中可以通过以下步骤完成数据库的创建。

（1）通过工具向导创建数据库。右击连接名"MySQL"，在弹出的快捷菜单中选
择"新建数据库"选项，弹出"新建数据库"对话框，在其中填写数据库名称，并
选择字符集与排序规则如图 2.26 所示。配置完成后单击"确定"按钮即可。

图2.26 通过工具向导创建数据库

（2）通过 SQL 语句创建数据库。除了通过工具向导创建数据库外，我们还可以在
"命令列界面"通过输入 SQL 语句来实现数据库的创建。右击连接名"MySQL"，在
弹出的快捷菜单中选择"命令列界面"选项，在右侧区域的"MySQL-命令列界面"
选项卡中输入创建数据库的语句，单击"查询"按钮，创建数据库。创建成功后，右
击连接名"MySQL"，在弹出的快捷菜单中选择"刷新"选项，则在对象资源管理器
中也会显示新创建的数据库，如图 2.27 所示。

图2.27 通过SQL语句创建数据库

 注意

通过工具向导操作数据库虽然方便直观，但不利于对数据库的批量操作，例
如，对 10 个数据库进行批量操作，与使用工具向导相比，执行 SQL 语句会更加
高效。因此，熟练编写 SQL 语句是程序员的必备技能，后续章节也是以使用 SQL
语句操作数据库为主进行介绍的。

2.3 任务 3：使用 SQL 语句操作数据库

任务目标

❖ 了解 MySQL 基本数据类型。

❖ 掌握基本 SQL 语句。

❖ 能够使用 HELP 命令查询系统帮助。

2.3.1 使用 SQL 语句操作数据表

上文介绍了如何使用 SQL 语句对数据库进行一些基础的操作。有了数据库之后，我们则需要为数据库创建数据库表。在创建数据库表之前，首先介绍数据库表中常用的几个概念。

1. 数据类型

第 1 章介绍了实体和数据库表的关系，我们知道在 Java 中通常会把实体抽象为一个实体类。一个实体类有很多属性，每个属性都有自己的数据类型，如保存员工的姓名，我们会选择使用 String 类型，而保存员工的性别，我们可能会使用 Integer 类型或者 Boolean 类型。同理，数据库中的数据库表也和实体对应，也存在很多的数据类型，下文将带着大家认识 MySQL 数据库的数据类型。

（1）数值类型。为方便查阅，表 2-5 列出了 MySQL 中的常用数据类型。

表 2-5　MySQL 中的常用数据类型

数据类型	字节数	取值范围
TINYINT[(M)]	1 字节	有符号值：$-2^7 \sim -2^7$　无符号值：$0 \sim 2^8-1$
SMALLINT[(M)]	2 字节	有符号值：$-2^{15} \sim 2^{15}-1$　无符号值：$0 \sim 2^{16}-1$
MEDIUMINT[(M)]	3 字节	有符号值：$-2^{23} \sim 2^{23}-1$　无符号值：$0 \sim 2^{24}-1$
INT[(M)]	4 字节	有符号值：$-2^{31} \sim 2^{31}-1$
FLOAT[(M,D)]	4 字节	有符号值：$-3.402823466E+38 \sim -1.175494351E-38$ 无符号值：$1.175494351E-38 \sim 3.402823466E+38$
DOUBLE[(M,D)]	8 字节	有符号值：$-1.7976931348623157E+308 \sim -2.2250738585072014E-308$ 无符号值：$2.225073858072014E-308 \sim 1.7976931348623157E+308$
DECIMAL[(M[,D])]	M+2 字节	M：最大精度位数，即总位数，M 的取值范围是 $1 \sim 65$，默认值为 10 D：小数位精度位数，D 的取值范围是 $0 \sim 30$； 该类型可能的取值范围与 DOUBLE 相同，但有效取值范围由 M、D 决定； 例如：类型为 DECIMAL(5,2)的字段取值范围是$-999.99 \sim 999.99$

表 2-5 中，TINYINT、SMALLINT、MEDIUMINT、INT 称为整数类型，不同的类型所占的字节数不同，因此取值范围也不同。当表中的字段设置为整数类型，在向表中插入数据时，如果插入的数据超出了该类型的取值范围，则插入的数据会被截断，系统会显示警告信息。

表 2-5 中的 M 表示显示宽度，也就是最多能够显示的数字个数，与该类型的取值范围无关。若数据的位数大于指定显示宽度，只要数据不超过该类型数据的取值范围，则会以实际位数显示；反之，如果数据的位数小于指定显示宽度，则会以空

格填充显示。

FLOAT 和 DOUBLE 称为浮点数类型，DECIMAL 称为精准数据类型，这三种数据类型都可以存储含小数位的数据。FLOAT 和 DOUBLE 类型存储的是近似值，当对数据的精度要求非常高，如用来存储货币数据时，可以选择 DECIMAL 类型，它的精度比 DOUBLE 类型还要高。

（2）字符串类型。表 2-6 列出了 MySQL 中的常用字符串类型，其中 CHAR 类型字节数是 M，适合存储少量字符。VARCHAR 类型的长度是可变的，当字符串的长度经常变化时，为节约空间，可设置为 VARCHAR 类型，其长度范围是 0～65535。TINYTEXT 和 TEXT 类型可用来存储文章内容等纯文本信息。

表 2-6 MySQL 中的常用字符串类型

数据类型	字节数	说明
CHAR[(M)]	M 字节	固定长度字符串 M 为 0～255 的整数
VARCHAR[(M)]	可变长度	可变长度字符串 M 为 0～65535 的整数
TINYTEXT	0～255	微型文本串
TEXT	0～65535	文本串

（3）日期类型。表 2-7 列出了 MySQL 中的常用日期类型，可以根据具体应用场景的要求，选择适当的日期类型。

表 2-7 MySQL 中的常用日期类型

数据类型	格式	取值范围
DATE	YYYY-MM-DD	1000-01-01～9999-12-31
DATETIME	YY-MM-DD hh:mm:ss	1000-01-01 00:00:00～9999-12-31 23:59:59
TIME	hh:mm:ss	−838:59:59～838:59:59
TIMESTAMP	YYYYMMDDHHMMSS	1970 年某时刻～2038 年某时刻，精度为 1 秒
YEAR	YYYY 格式的年份	1901～2155

 注意

MySQL 允许"不严格"的语法：任何标点符号都可以用作日期部分之间的间隔符。如表中某字段为 DATE 类型，则"16-06-16""16.06.16""16/06/16""16@06@16"是等价的，这些值也可以正确地插入数据库。

2. 创建表

以上介绍了 MySQL 中的基本数据类型，下面介绍如何使用 DDL 创建数据库表。

（1）语法

创建数据库表的语法格式如下。

```
CREATE TABLE [IF NOT EXISTS] 表名 (
字段 1 数据类型 [ 字段属性 | 约束 ][ 索引 ][ 注释 ],
字段 2 数据类型 [ 字段属性 | 约束 ][ 索引 ][ 注释 ],
......
字段 n 数据类型 [ 字段属性 | 约束 ][ 索引 ][ 注释 ])[ 表类型 ][ 表字符集 ][ 注释 ];
```

 注意

（1）在 MySQL 中，如果使用的数据库名、表名或字段名等与保留字有冲突，需使用英文输入法状态下的反单引号"`"括起来。在 MySQL 自动生成的代码中，表名或字段名等全部使用"`"括起来。例如：

```
CREATE TABLE `student` (
    `studentNo` INT(4) PRIMARY KEY,
    `name` CHAR(10),
    ......
);
```

（2）使用 CREATE TABLE 语句创建表时，多字段之间使用逗号","分隔，最后一个字段后无须逗号。

（3）MySQL 中常用的两种注释方式如下。

① 单行注释：#……。

② 多行注释：/*……*/。

（4）表中的字段也称为列。

（2）字段的约束及属性

数据完整性是指数据的准确性和一致性。例如，学生的学号必须唯一，性别只能是男或女，学生参加考试的课程必须是学校开设的课程等。数据库是否具备数据完整性关系到数据库系统是否能真实地反映现实世界，因此，数据库的完整性是非常重要的。在 MySQL 中同样也提供了约束机制以保证数据的完整性。

为了对各字段的数据做进一步的限定，可以为字段设置字段约束。表 2-8 中列举了几个 MySQL 中常用的字段属性约束。

表 2-8　MySQL 中常用的字段属性约束

字段属性约束名	关键字	说明
非空约束	NOT NULL	如果某字段不允许为空，则需要设置非空约束。例如：学生姓名字段不允许为空
默认约束	DEFAULT	赋予某字段默认值，如果该字段没有赋值，则其值为默认值。例如：学生表中男生居多，可设置性别列默认值为"男"
唯一约束	UNIQUE KEY(UK)	设置字段的值是唯一的。允许为空，但只能有一个空值

续表

字段属性约束名	关键字	说明
主键约束	PRIMARY KEY(PK)	设置该字段为表的主键，可以作为该表记录的唯一标识。 例如：学号能唯一确定一名学生，可设置为主键
外键约束	FOREIGN KEY(FK)	用于在两表之间建立关系，需要指定引用主表的哪一个字段。在插入或更新表中的数据时，数据库将自动检查更新的字段值是否符合约束的限制。如果不符合约束要求，则更新操作失败。使用时注意： （1）InnoDB 支持外键，MyISAM 不支持，外键关联的表要求都是 InnoDB 类型的表； （2）作为外键的字段要求在主表中是主键（单字段主键）
自动增长	AUTO_INCREMENT	（1）设置该列为自增字段，默认每条自增 1； （2）通常用于设置主键，且为整数类型； （3）可设置初始值和步长

在这些常用的字段属性约束中，主键约束是非常重要的约束，当需要使用数据库表中某个字段或某几个字段来唯一标识所有记录时，需要将该字段设置为表的主键。主键可以是单字段的，也可以是多字段的。

① 单字段主键

在定义字段的同时指定主键，语法格式如下。

```
CREATE TABLE [IF NOT EXISTS] 表名 (
  字段 1 数据类型 PRIMARY KEY,
  ……
);
```

在定义完所有字段之后指定主键，语法格式如下。

```
CREATE TABLE [IF NOT EXISTS] 表名 (
  字段 1 数据类型 ,
  ……
  [CONSTRAINT< 约束名 >] PRIMARY KEY[ 列名 ]
);
```

例如：

```
CREATE TABLE student(
`studentNo` INT(4) PRIMARY KEY,
……
);
```

或

```
CREATE TABLE student(
`studentNo` INT(4),
……
PRIMARY KEY(studentNo)
);
```

② 多字段联合主键

主键由多字段组成，语法格式如下。

```
CREATE TABLE [IF NOT EXISTS] 表名(
```

```
……
PRIMARY KEY [字段 1,字段 2,…]
);
```

例如：

```
CREATE TABLE tb_temp(
`id` INT(4),
`name` VARCHAR(11),
……
PRIMARY KEY (id,name)
);
```

（3）注释

在创建表的同时可以为表或字段添加说明性文字，即注释。注释是使用 COMMENT 关键字来添加的。例如：

```
CREATE TABLE test(
`id` INT(11) UNSIGNED COMMENT '编号'
)COMMENT='测试表';
```

（4）编码格式的设置

在默认情况下，MySQL 所有数据库、表、字段等使用 MySQL 默认字符集，在 2.1.2 节中已经讲解过如何设置 MySQL 默认字符集为 UTF-8，也可以通过 my.ini 文件中的 default-character-set 参数来修改默认字符集。

在特定需求情况下，为达到特殊存储内容的要求，如某表需要存储西欧文字内容，可指定其他字符集。在创建表时指定字符集的语法格式如下。

```
CREATE TABLE [IF NOT EXISTS] 表名 (
 # 省略代码
)CHARSET = 字符集名
```

【示例 4】

利用 CREATE TABLE 语句在数据库 myschool 中创建学生表 student。

提示

（1）设计学生表的数据结构如表 2-9 所示。

（2）根据表 2-9，通过 SQL 语句创建学生表 student。

表 2-9　学生表的数据结构

序号	字段名称	字段说明	数据类型	长度	属性	备注
1	studentNo	学号	INT	4	非空，主键	
2	loginPwd	密码	VARCHAR	20	非空	
3	studentName	学生姓名	VARCHAR	50	非空	
4	sex	性别	CHAR	2	非空，默认"男"	
5	gradeId	年级编号	INT	4	无符号	

续表

序号	字段名称	字段说明	数据类型	长度	属性	备注
6	phone	联系电话	VARCHAR	50	—	
7	address	地址	VARCHAR	255	默认值 "地址不详"	
8	birthday	出生日期	DATETIME	—	—	
9	email	邮件账号	VARCHAR	50		
10	identityCard	身份证号	VARCHAR	18	唯一	身份证号全国唯一

关键代码：

```
CREATE TABLE `student`(
`studentNo` INT(4) NOT NULL COMMENT ' 学号 ' PRIMARY KEY, # 非空，主键
`loginPwd` VARCHAR(20) NOT NULL COMMENT ' 密码 ',
`studentName` VARCHAR(50) NOT NULL COMMENT ' 学生姓名 ',
`sex` CHAR(2) DEFAULT '男' NOT NULL COMMENT ' 性别 ', # 非空，默认值
"男"
`gradeId` INT(4) UNSIGNED COMMENT ' 年级编号 ',    # 无符号数
`phone` VARCHAR(50) COMMENT ' 联系电话 ',
# 默认值 "地址不详"
`address` VARCHAR(255) DEFAULT '地址不详'COMMENT ' 地址 ',
`birthday` DATETIME COMMENT ' 出生日期 ',
`email` VARCHAR(50) COMMENT' 邮件账号 ',
`identityCard` VARCHAR(18) UNIQUE KEY COMMENT ' 身份证号 '    # 唯一
) COMMENT=" 学生表 ";        # 表注释 "学生表"
```

3. 查看表

创建完表之后，如果需要查看该表是否存在，可以使用查看表的 SQL 语句，其语法格式如下。

```
SHOW tables;
```

查看 MySQL 数据库的所有表，执行结果如图 2.28 所示。

图2.28　查看MySQL数据库的所有表

注意

在使用 SHOW tables 语句之前，必须先选择数据库，否则将会给出错误提示 "No database selected"。

如果需要查看表的定义，可以通过使用 SQL 语句 DESCRIBE 来实现，其语法格式如下。

```
DESCRIBE 表名
```

或

```
DESC 表名
```

【示例 5】

查看数据库 myschool 中的 student 表。

关键代码：

```
USE myschool;
DESCRIBE student;
```

运行结果如图 2.29 所示。

```
管理员: 命令提示符 - mysql -u root -p                                    —    □    ×

mysql> describe student;
+-------------+------------------+------+-----+----------+-------+
| Field       | Type             | Null | Key | Default  | Extra |
+-------------+------------------+------+-----+----------+-------+
| studentNo   | int(4)           | NO   | PRI | NULL     |       |
| loginPwd    | varchar(20)      | NO   |     | NULL     |       |
| studentName | varchar(50)      | NO   |     | NULL     |       |
| sex         | char(2)          | NO   |     | 男       |       |
| gradeId     | int(4) unsigned  | YES  |     | NULL     |       |
| phone       | varchar(50)      | YES  |     | NULL     |       |
| address     | varchar(255)     | YES  |     | 地址不详 |       |
| birthday    | datetime         | YES  |     | NULL     |       |
| email       | varchar(50)      | YES  |     | NULL     |       |
| identityCard| varchar(18)      | YES  | UNI | NULL     |       |
+-------------+------------------+------+-----+----------+-------+
10 rows in set (0.03 sec)

mysql>
```

图 2.29　查询表 student 的定义

 注意

当在 DOS 窗口显示 MySQL 数据库中的信息时，中文内容可能会出现乱码，这是因为 DOS 窗口默认字符集为 GBK 格式。如果当前 MySQL 设置的默认编码格式为非 GBK 格式，在输出信息之前，需执行以下语句。

```
SET NAMES gbk;
```

该语句等同于执行了以下 3 条语句。

```
SET character_set_client = gbk;
SET character_set_results = gbk;
```

```
SET character_set_connection=gbk;
```

通过执行 "SET NAMES gbk" 命令可使 DOS 窗口乱码问题得到解决。但该命令是临时的，在 MySQL 重新启动后就会恢复默认设置。如果读者希望详细了解 MySQL 信息输入和信息输出的编码过程，可查阅相关资料。

4. 删除表

与创建数据库一样，如果当前数据库中已存在表 student，则再次创建时系统将提示出错。

我们可使用 IF EXISTS 语句预先检测当前数据库中是否存在该表，如果存在，则先删除，然后创建。删除表的语法格式如下。

```
DROP TABLE [IF EXISTS] 表名 ;
```

【示例 6】

删除已创建的学生表。

关键代码：

```
DROP TABLE `student`;
```

将上述创建表 student 的语句改写成完整的删除并创建表的语句，如下所示。

```
USE myschool;
DROP TABLE IF EXISTS `student`;
CREATE TABLE `student` (
    ……);
```

注意

使用 DROP TABLE 语句之前，首先要确认表中是否有客户的业务数据。如果要执行删除的表是空表，那么可以直接执行删除表的操作。但如果表中已存储了客户的业务数据，则在应用程序测试、维护期间要特别注意，切忌不采取任何措施就执行 DROP TABLE 语句删除数据库中的数据，否则，会造成客户业务数据的破坏，给客户带来不必要的损失。

正确的处理方法是先与数据库管理员联系，对数据库数据进行备份并确认，再执行删除操作。

上机练习 3　使用 SQL 语句创建课程表

在数据库 myschool 中，使用 SQL 语句创建课程表 subject。其数据结构如表 2-10 所示。

提示

在创建课程表 subject 之前先检查课程表是否已存在。若存在，则删除。

表 2-10　课程表的数据结构

序号	字段名称	字段说明	数据类型	长度	属性	备注
1	subjectNo	课程编号	INT	4	非空	主键，标识列，自增 1
2	subjectName	课程名称	VARCHAR	50	—	
3	classHour	学时	INT	4	—	
4	gradeId	年级编号	INT	4	—	

上机练习 4　使用 SQL 语句创建成绩表

在数据库 myschool 中，使用 SQL 语句创建成绩表 result。其数据结构如表 2-11 所示。

提示

> 在创建成绩表之前先检查成绩表 result 是否已存在。若存在，则删除。获取当前日期可使用日期函数 NOW()。

表 2-11　成绩表的数据结构

序号	字段名称	字段说明	数据类型	长度	属性	备注
1	studentNo	学号	INT	4	非空	
2	subjectNo	课程编号	INT	4	非空	
3	examDate	考试日期	DATETIME	—	非空	默认为当前日期
4	studentResult	成绩	INT	4	非空	

上机练习 5　使用 SQL 语句创建学生表和年级表

在数据库 myschool 中，使用教师提供的 SQL 语句脚本创建学生表 student 和年级表 grade。它们的数据结构分别如表 2-12 和表 2-13 所示。

表 2-12　学生表的数据结构

序号	字段名称	字段说明	数据类型	长度	属性	备注
1	studentNo	学号	INT	4	非空	主键
2	loginPwd	密码	VARCHAR	20	非空	
3	studentName	姓名	VARCHAR	50	非空	
4	sex	性别	CHAR	2	非空	
5	gradeId	年级编号	INT	4	无符号	
6	phone	电话	VARCHAR	50	—	
7	address	地址	VARCHAR	255	—	
8	birthday	出生日期	DATETIME	—	—	
9	email	邮件账号	VARCHAR	50	—	
10	identityCard	身份证号	VARCHAR	18	—	

表 2-13　年级表的数据结构

序号	字段名称	字段说明	数据类型	长度	属性	备注
1	gradeId	年级编号	INT	4	无符号，非空	主键，标识列，自增 1
2	gradeName	年级名称	VARCHAR	50	非空	

5. 修改表

在创建了数据表之后，用户可能会因为某些原因需要修改表结构，如添加列等。这时，如果是删除后又重建的表，往往还需考虑表中现有的数据，风险比较大，此时就需要在原来已存在的数据表结构上对其进行修改。MySQL 中使用 ALTER 关键字可以实现这一点，需要注意的是，在修改表之前，使用 SHOW TABLES 语句查看该数据库中是否存在该表。

（1）修改表名

在一个数据库中，表名是唯一的。可以通过 SQL 语句对已创建的表修改表名，语法格式如下。

```
ALTER TABLE <旧表名> RENAME [TO] <新表名>;
```

其中，TO 为可选参数，使用与否不影响结果。此语句仅修改表名，表结构不变。

【示例 7】

在 test 数据库中创建表 demo01，并将其改名为 demo02。

关键代码：

```
DROP TABLE IF EXISTS `demo01`;
CREATE TABLE IF NOT EXISTS `demo01`(
`id` INT(10) NOT NULL AUTO_INCREMENT,
`name` VARCHAR(32) NOT NULL,
PRIMARY KEY(id)
);
#修改表名
ALTER TABLE `demo01` RENAME `demo02`;
```

运行结果如图 2.30 所示。

图2.30　修改表名

从图 2.30 中可以看出，执行修改表名的 SQL 语句前后的变化。这里使用 SHOW TABLES 语句查看当前数据库中的所有数据表。

（2）添加字段

随着业务需求的变化，可能需要向已存在的表中添加新的字段，添加字段的语法格式如下。

```
ALTER TABLE 表名 ADD 字段名 数据类型 [ 属性 ];
```

【示例 8】

向 demo2 表中添加密码字段。

关键代码：

```
/* 添加字段 */
ALTER TABLE demo02 ADD `password` VARCHAR(32) NOT NULL;
```

运行结果如图 2.31 所示。

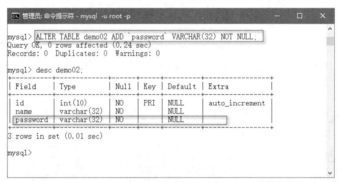

图2.31　添加字段

从图 2.31 中可以看出，添加字段之后，执行 DESC demo02 语句查看表的信息，在表的最后位置添加了字段 password。

（3）修改字段

数据表中的字段包含字段名和数据类型，字段名和数据类型均可修改。下面介绍修改字段的 SQL 语句。其语法格式如下。

```
ALTER TABLE 表名 CHANGE 原字段名 新字段名 数据类型 [ 属性 ];
```

其中，"原字段名"指修改前的字段名，"新字段名"指修改后的字段名，"数据类型"指修改后的数据类型，如果不需要修改数据类型，则和原数据类型保持一致，但"数据类型"不能为空。

【示例 9】

将 demo02 表中的 name 字段名改为 username，数据类型改为 CHAR(10)。

关键代码：

```
/* 修改字段名 */
ALTER TABLE demo02 CHANGE `name` `username` CHAR(10) NOT NULL;
```

运行结果如图 2.32 所示。

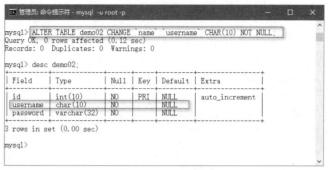

图2.32　修改字段

从图 2.32 可以看出，表中 name 字段名已被修改为 username，且数据类型已被改为
CHAR 类型。

 注意

　　由于不同类型的数据存储方式和长度不同，修改数据类型可能会影响数据表
中已有的数据，因此，在数据表已有数据的情况下不应轻易修改数据类型。

（4）删除字段

删除字段是将数据表中的某个字段从表中移除，语法格式如下。

```
ALTER TABLE 表名 DROP 字段名 ;
```

【示例 10】

删除 demo02 表中的 password 字段。

关键代码：

```
# 删除字段
ALTER TABLE demo02 DROP `password`;
```

运行结果如图 2.33 所示。

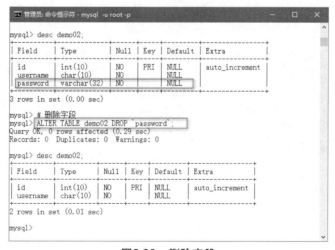

图2.33　删除字段

以上列举了部分常用的修改表结构的 ALTER TABLE 语句，在实际应用中，也许还会用到其他修改表结构的语句，这时可以通过查看系统帮助来找到它们。通过执行语句"HELP ALTER TABLE;"可查看所有修改表结构的 SQL 语句，如图 2.34 所示。用户可以通过查看语法定义和参数设置内容，来修改表的不同部分。

图2.34　查看修改表结构语句的帮助信息

（5）添加主键约束

添加主键约束的语法格式如下。

```
ALTER TABLE 表名 ADD CONSTRAINT 主键名 PRIMARY KEY 表名（主键字段）
```

【示例 11】

将 grade 表中的 gradeId 字段设置为主键。

关键代码：

```
ALTER TABLE `grade` ADD CONSTRAINT pk_grade PRIMARY KEY `grade`(`gradeId`);
```

运行结果如图 2.35 所示。

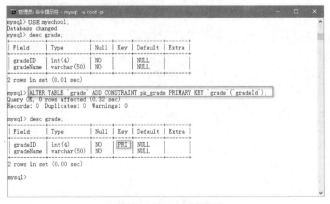

图2.35　添加主键约束

（6）添加外键约束

添加外键约束的语法格式如下。

> ALTER TABLE 表名 ADD CONSTRAINT 外键名 FOREIGN KEY（外键字段）REFERENCES 关联表名（关联字段）

【示例 12】

设置 student 表的 gradeId 字段与 grade 表的 gradeId 字段建立主外键关联。

关键代码：

```
ALTER TABLE `student` ADD CONSTRAINT fk_student_grade FOREIGN KEY
(`gradeId`) REFERENCES `grade` (`gradeId`);
```

运行结果如图 2.36 所示。

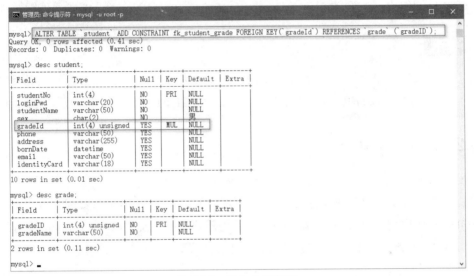

图2.36　添加外键约束

 注意

在 MySQL 中，InnoDB 存储类型的表支持外键，MyISAM 存储类型的表不支持外键，因此对于 MyISAM 存储类型的表，也可以通过建立逻辑关联的方式保证数据的完整性和一致性。

上机练习 6　创建数据表，并实现对表的修改操作

（1）在 test 数据库中创建 person 表，其数据结构如表 2-14 所示。

（2）将表名修改为 tb_person。

（3）删除出生日期字段。

（4）添加出生日期字段，数据类型为 DATE 类型。

（5）将 number 字段名改为 id，数据类型改为 BIGINT 类型。

表 2-14　person 表的数据结构

序号	字段名称	字段说明	数据类型	长度	属性	备注
1	number	序号	INT	4	自增列	主键
2	name	姓名	VARCHAR	50	非空	
3	sex	性别	CHAR	2	—	
4	birthday	出生日期	DATETIME	—	—	

上机练习 7　使用 SQL 语句为 myschool 数据库中 result 表添加约束

result 表需要添加的内容如下。

（1）主键约束：学号、课程编号和日期构成复合主键。

（2）外键约束：主表 student 和从表 result 通过 studentNo 字段建立主外键关联。

> **提示**
>
> （1）使用 HELP 语句查看系统帮助，掌握添加主键约束、外键约束的语法。
> （2）使用"ALTER TABLE 表名 ADD CONSTRAINT……"语句添加约束。

2.3.2　HELP 命令

在学习和实际工作中，我们经常会遇到各种意想不到的困难，不能总是期望别人伸出援助之手来帮助我们解决，而应利用我们的智慧和能力进行攻克。如何才能及时解决 MySQL 学习中的疑惑呢？通过 MySQL 的系统帮助，可以及时解决我们遇到的问题。

MySQL 中查看帮助的命令是 HELP，语法格式如下。

```
HELP 查询内容；
```

其中，"查询内容"为要查询的关键字。具体示例如下。

（1）查看帮助文档目录列表

通过 HELP contents 命令可查看帮助文档目录列表，运行结果如图 2.37 所示。

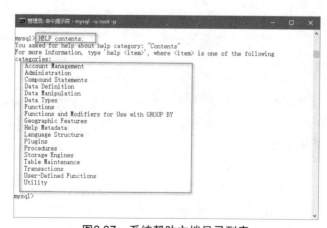

图2.37　系统帮助文档目录列表

（2）查看具体内容

根据图 2.37 中列出的目录，可以选择某一项进行查询，如查看所支持的数据类型，命令如下。

```
HELP Data Types;
```

运行结果如图 2.38 所示。

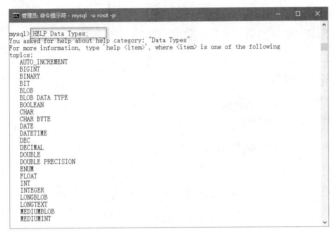

图2.38　查看所支持的数据类型

若要进一步查看某一数据类型，如 INT 类型，命令如下。

```
HELP INT;
```

运行结果如图 2.39 所示，可以看到 INT 类型的帮助信息，包含类型描述、取值范围等。

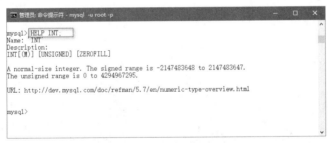

图2.39　查看INT类型的帮助信息

另外，HELP 命令还可以用于查询某特定命令。图 2.40 所示为 CREATE TABLE 命令的部分查询信息。

图2.40　CREATE TABLE命令的部分查询信息

上机练习 8　　使用系统帮助

查找 MySQL 中 DOUBLE 数据类型的信息，并找到 DOUBLE 类型有符号数和无符号数的取值范围。

本章小结

本章学习了以下知识点。

1．配置 MySQL 服务器时，需注意以下几项。

（1）端口设置。

（2）默认字符集设置。

（3）将安装目录下 bin 文件夹的路径写入环境变量。

（4）root 账号密码设置。

2．使用命令行连接 MySQL 数据库时，需注意以下几项。

（1）检查是否启动 MySQL 服务。

（2）检查安装目录下 bin 文件夹的路径是否写入环境变量。

（3）使用命令：mysql -h 服务器主机地址　-u 用户名　-p 密码。

3．使用命令行操作 MySQL 数据库。

（1）创建数据库。

（2）查看数据库。

（3）删除数据库。

4．使用命令行操作 MySQL 数据表。

（1）创建表。

（2）查看表。

（3）删除表。

5．使用 MySQL 系统帮助命令 HELP。

本章练习

建立一个图书馆管理系统的数据库，用来存放图书馆的相关信息，包括图书的基本信息、图书借阅的信息和读者的信息。要求全部使用 SQL 语句实现。推荐步骤如下。

（1）创建数据库 Library。

（2）创建以下 4 个表。

图书信息表（book）如表 2-15 所示。

表 2-15　图书信息表（book）

字段名称	数据类型	说明
bId	字符型	图书编号，主键，该列必填
bName	字符型	图书书名，该列必填

字段名称	数据类型	说明
author	字符型	作者姓名,该列必填
pubComp	字符型	出版社,该列必填
pubDate	日期型	出版日期,该列必填
bCount	整型	现存数量,该列必填
price	浮点型	单价,该列必填

读者信息表(reader)如表 2-16 所示。

表 2-16　读者信息表(reader)

字段名称	数据类型	说明
rId	字符型	读者编号,主键,该列必填
rName	字符型	读者姓名,该列必填
rAddress	字符型	联系地址
lendNum	整型	借阅数目,该列必填

图书借阅表(borrow)如表 2-17 所示。

表 2-17　图书借阅表(borrow)

字段名称	数据类型	说明
rId	字符型	读者编号,复合主键,该列必填
bId	字符型	图书编号,复合主键,该列必填
lendDate	日期型	借阅日期,复合主键,默认值为当前日期,该列必填
willDate	日期型	应归还日期
returnDate	日期型	实际归还日期

罚款记录表(penalty)如表 2-18 所示。

表 2-18　罚款记录表(penalty)

字段名称	数据类型	说明
rId	字符型	读者编号,复合主键,该列必填
bId	字符型	图书编号,复合主键,该列必填
pDate	日期型	罚款日期,复合主键,该列必填
pType	整型	罚款类型:1—延期,2—损坏,3—丢失,该列必填
amount	浮点型	罚款金额,该列必填

第 3 章

数据的基本操作

技能目标

❖ 掌握 MySQL 常用的存储引擎。
❖ 掌握增删改查数据库表常用的 SQL 语句。
❖ 掌握模糊查询。

本章任务

❖ 使用 SQL 语句实现数据增删改查。
❖ 使用模糊查询查询学生信息。

3.1 任务 1：使用 SQL 语句实现数据增删改查

任务目标

- ❖ 了解 MySQL 中常用的存储引擎。
- ❖ 会使用 SQL 语句在数据表中插入数据。
- ❖ 掌握数据表的更新和删除操作。
- ❖ 掌握 SQL 查询语句的用法。
- ❖ 了解 ORDER BY 关键字和 LIMIT 关键字的使用。

在前面的章节中学习了数据库的相关概念，那么对于 MySQL 数据库而言，数据最终以什么样的形式保存，以及数据保存在硬盘的什么位置？基于以上两个问题，本章将详细介绍 MySQL 数据库的存储引擎。

在前面的章节中学习了 MySQL 数据库和 SQL 语句的基础知识，以及如何使用 SQL 语句中的 DDL 语句操作数据库、数据表。本章将继续讲解 SQL 语句中的 DML 和 DQL，并使用 SQL 语句完成对数据库表中数据的增加、删除、查询和修改。

在前面的章节中学习了 MySQL 客户端工具 Navicat 的基本使用，本章中将继续使用 Navicat 对 MySQL 进行管理。

3.1.1 MySQL 的存储引擎

通过前面章节的学习，我们知道 MySQL 属于数据库管理系统，其中包括数据库及用于数据库访问管理的接口系统。数据库负责存储数据，接口系统负责管理数据库。为了满足不同用户对数据的容量、访问速度、数据安全性的要求，MySQL 数据库采用多种存储引擎进行数据存储，下面将介绍 MySQL 数据库常用的存储引擎。

存储引擎指定了表的存储类型，即如何存储和索引数据、是否支持事务等，同时存储引擎也决定了表在计算机中的存储方式。MySQL 5.7 支持的存储引擎有 InnoDB、MyISAM、MEMORY、MRG_MyISAM、ARCHIVE、FEDERATED、CSV、BLACKHOLE，及 PERFORMANCE_SCHEMA 共 9 种，可以使用 SHOW ENGINES 语句查看系统所支持的引擎类型，执行结果如图 3.1 所示。默认情况下，FEDERATED 存储引擎是未开启状态。

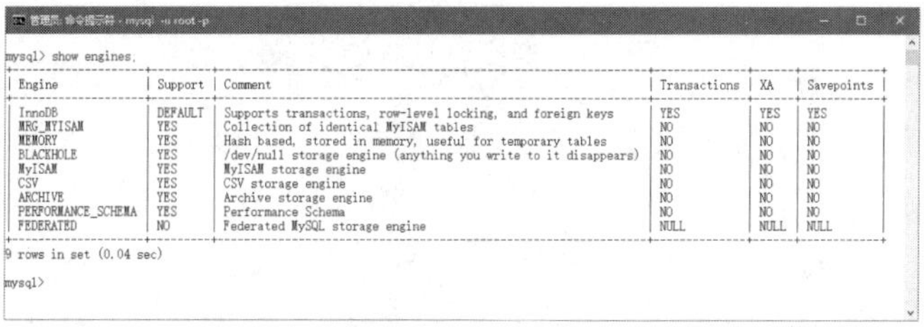

```
mysql> show engines;
+--------------------+---------+----------------------------------------------------------------+--------------+------+------------+
| Engine             | Support | Comment                                                        | Transactions | XA   | Savepoints |
+--------------------+---------+----------------------------------------------------------------+--------------+------+------------+
| InnoDB             | DEFAULT | Supports transactions, row-level locking, and foreign keys     | YES          | YES  | YES        |
| MRG_MYISAM         | YES     | Collection of identical MyISAM tables                          | NO           | NO   | NO         |
| MEMORY             | YES     | Hash based, stored in memory, useful for temporary tables      | NO           | NO   | NO         |
| BLACKHOLE          | YES     | /dev/null storage engine (anything you write to it disappears) | NO           | NO   | NO         |
| MyISAM             | YES     | MyISAM storage engine                                          | NO           | NO   | NO         |
| CSV                | YES     | CSV storage engine                                             | NO           | NO   | NO         |
| ARCHIVE            | YES     | Archive storage engine                                         | NO           | NO   | NO         |
| PERFORMANCE_SCHEMA | YES     | Performance Schema                                             | NO           | NO   | NO         |
| FEDERATED          | NO      | Federated MySQL storage engine                                 | NULL         | NULL | NULL       |
+--------------------+---------+----------------------------------------------------------------+--------------+------+------------+
9 rows in set (0.04 sec)

mysql>
```

图3.1　显示所有存储引擎信息

1. 常用的存储引擎

不同的存储引擎有不同的特点，以适应不同的用户需求，本书重点介绍两种常用的存储引擎 InnoDB 和 MyISAM。我们在决定选择使用哪种存储引擎之前，需要首先对比它们所提供的功能。表 3-1 中列出了 MySQL 5.7 版本中两者的部分差异点。

表 3-1　存储引擎 InnoDB 和 MyISAM 的对比

功能	InnoDB	MyISAM
支持事务	支持	不支持
外键约束	支持	不支持
表空间大小	较大	较小
数据行锁定	支持	不支持

InnoDB 和 MyISAM 各自的适用场合如下。

- InnoDB 存储引擎：该存储引擎在事务处理上具有优势（事务处理相关内容将在第 7 章讲解），即支持具有提交、回滚和崩溃恢复能力的事务控制。因此 InnoDB 适用于需要进行频繁的更新、删除操作，同时还对事务的完整性要求比较高，需要实现高并发控制等的应用场景。

- MyISAM 存储引擎：该存储引擎不支持事务，也不支持外键约束，占用空间较小，访问速度比较快。因此 MyISAM 适用于不需要事务处理，以访问为主的应用场景。

2. 操作默认存储引擎

MySQL 5.7 版本默认的存储引擎是 InnoDB，可以通过以下语句来查看当前默认的存储引擎。

```
SHOW VARIABLES LIKE 'default_storage_engine%';
```

其中，LIKE 后要查询的关键字为 "default_storage_engine %"，表示查询默认存储引擎。执行结果如图 3.2 所示。

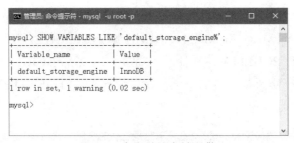

图3.2　查询默认存储引擎

如需修改默认存储引擎，可以通过配置向导，也可以通过修改配置文件 my.ini 来实现。在修改配置文件 my.ini 时，只需修改如下内容。

```
default-storage-engine=INNODB
```

例如，若需将默认存储引擎改为 MyISAM，只需修改为 "default-storage-engine=MyISAM" 即可。

注意

如果想让修改后的参数生效，必须重新启动 MySQL 服务。

重新启动 MySQL 服务后，再次查看默认存储引擎，执行结果如图 3.3 所示。

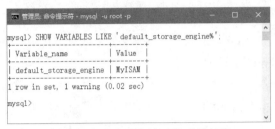

图3.3　修改默认存储引擎后的结果

3. 指定表的存储引擎

数据表默认使用当前 MySQL 默认的存储引擎，有时为了达到数据表的特殊功能要求，也可重新设置表的存储类型。语法格式如下。

存储引擎

```
CREATE TABLE 表名 (
 # 省略代码
) ENGINE= 存储引擎 ;
```

【示例 1】

创建 myisam 表并设置存储引擎为 MyISAM 类型。

关键代码：

```
CREATE TABLE `myisam` ( id INT(4))ENGINE=MyISAM;
```

 注意

在有些参考资料中，表的存储引擎也称为表类型。

4. MySQL 的数据文件

上文介绍了 MySQL 的存储引擎如何设置，那么 MySQL 的数据文件是怎样的？它们又是如何存放的？在 MySQL 中，不同的存储引擎涉及的数据文件有所不同。

【示例 2】

创建两个不同类型的数据表。

关键代码：

```
CREATE DATABASE enginedb;
USE enginedb;
/* 创建表类型为 MyISAM 的表 */
DROP TABLE IF EXISTS `myisam` ;
```

```
CREATE TABLE `myisam`(
sid INT(4)
)ENGINE=MyISAM;

/* 创建表类型为 InnoDB 的表 */
DROP TABLE IF EXISTS `innodb` ;
CREATE TABLE `innodb` (
sid INT(4)
)ENGINE=InnoDB;
```

以上代码实现了在 enginedb 数据库中创建两个表，其中，myisam 表为 MyISAM 类型，innodb 表为 InnoDB 类型。

（1）数据文件的存储位置。不同操作系统数据文件的默认存储位置不同，在 Windows 10 操作系统中，MySQL 数据文件的默认存储路径为 C:\ProgramData\MySQL\ MySQL Server 5.7\Data，可通过配置文件 my.ini 中的参数 datadir 获取或修改该路径，例如：

```
datadir=C:/ProgramData/MySQL/MySQL Server 5.7/Data
```

在该目录下，每个数据库相关文件均存放在以数据库命名的文件夹中，可找到 enginedb 数据库文件夹，MySQL 数据文件目录如图 3.4 所示。

（2）MyISAM 类型的表文件。打开 enginedb 文件夹，找到类型为 MyISAM 的表 myisam 相关的数据文件，共有 3 个，扩展名分别为.frm、.MYD、.MYI，如图 3.5 所示。

图3.4　MySQL数据文件目录

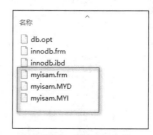

图3.5　数据表文件

- .frm 文件：表结构定义文件。主要存放表的元数据，包括表结构定义信息等。该文件与存储引擎无关，即任何存储类型的表都会有这个文件。
- .MYD 文件：数据文件。存放表中数据的文件。
- .MYI 文件：索引文件。其主要存放 MyISAM 类型的表的索引信息，每个 MyISAM 类型的表都会有一个.MYI 文件，其存放的位置与.frm 文件相同。

（3）InnoDB 类型的表文件。InnoDB 类型的表 innodb 有.frm 和 ibdata 1 两个相关文件，其中，.frm 文件在 enginedb 数据库文件目录下。

● .frm 文件：表结构定义文件。其作用与 MyISAM 类型的.frm 文件相同，如图 3.5 所示。

● ibdata1 文件：数据文件。保存所有 InnoDB 类型的表的数据。这个文件保存位置与.frm 文件不同，可以通过 my.ini 文件中的参数 innodb_data_home_dir 查询或修改。默认情况下，会在 my.ini 文件中的 datadir 参数所设置的目录下创建 ibdata1 作为 innodb 数据表空间。这里的 datadir 参数新设目录为：datadir=C:/ProgramData/MySQL/MySQL Server 5.7/Data，所以 ibdata1 文件所在的目录如图 3.6 所示。

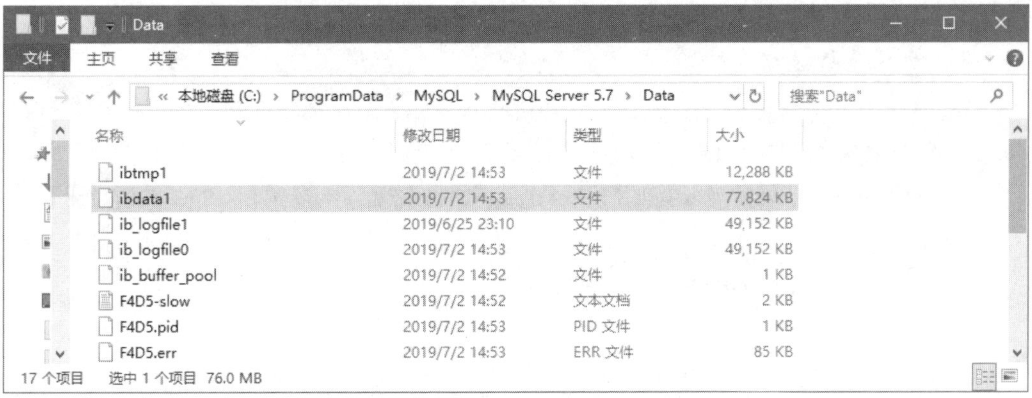

图3.6　ibdata1文件所在的目录

3.1.2　插入数据记录

我们已经了解了如何创建表、修改表的结构和添加约束，现在需要学习如何向表中添加数据，这里介绍如下两种方式。

（1）在 Navicat 中插入数据，这种方式比较简单，只需要右击表，在弹出的快捷菜单中选择"打开表"选项，就可以向表中直接输入数据行。

（2）使用 SQL 向表中添加新数据，或者将现有表中的数据添加到新创建的表中。

1. 插入单行数据

语法格式如下。

```
INSERT INTO 表名 [( 字段名列表 )] VALUES ( 值列表 );
```

需要注意以下几点。

① 表的字段是可选的，如果省略，则依次插入所有字段。

② 多个列表和多个值之间使用逗号分隔。

③ 值列表必须和字段名列表数量相同，且数据类型相符。

④ 如果插入的是表中部分列的数据，字段名列表必须填写。

【示例 3】

向 student 表中插入一条记录。

关键代码：

```
INSERT INTO `student`
(`loginPwd`,`studentName`,`gradeId`,`phone`,`birthday`)
VALUES('123',' 黄小平 ',1,'13956799999','1996-5-8');
```

插入数据需要注意这个表是否与其他表存在外键关系，如果该表存在外键，但是相关联的表中数据缺失，则插入数据就会失败。例如，在之前章节的讲解中，student 表中 gradeId 作为外键和 grade 表进行关联，因此，在上面例子中，要插入的数据学生所属 gradeId 为 1，如 grade 表中不存在年级为 1 的记录，则插入数据就会报错。因此，外键关联可以确保数据完整性。

2. 插入多行数据

MySQL 中的 INSERT 语句支持一次性插入多条记录，插入时可指定多个值列表，每个值列表之间用逗号分隔。语法格式如下。

INSERT INTO 新表（字段名列表）VALUES(值列表 1),(值列表 2),……,(值列表 n);

【示例 4】

一次性向 subject 表中插入 3 条数据。

关键代码：

```
INSERT INTO `subject`(`subjectName`,`classHour`,`gradeId`)
VALUES('Logic Java',220,1),('HTML',160,1),('Java OOP',230,2);
```

注意

在使用 INSERT 语句插入记录时，如果不包含字段名称，VALUES 关键字后面的值列表中各字段的顺序必须和表定义中各字段的顺序相同，如果表结构变了（如执行了添加字段操作），则值列表也要变化，否则会出现错误。如果指定了插入的字段名，就会避免这个问题，因此，建议在插入数据时指定具体的字段名。

3. 将查询结果插入新表中

MySQL 中的 CREATE TABLE 语句可以实现将查询结果插入新表中。语法格式如下。

CREATE TABLE 新表 (SELECT 字段 1, 字段 2, …FROM 原表);

【示例 5】

将 student 表中的 studentName 字段、phone 字段数据保存到新表 phoneList 中。

关键代码：

```
CREATE TABLE `phoneList` ( SELECT `studentName`, `phone` FROM `student` );
```

以上 SQL 语句在执行查询操作的同时创建新表 phoneList，无须提前创建，Navicat 工具中的执行结果如图 3.7 所示。如已存在表 phoneList，则执行该语句会报错。

图3.7 将查询结果插入新表中

上机练习 1 为课程表、学生表、成绩表添加数据

（1）为课程表添加数据，如表 3-2 所示。要求使用一条 INSERT 语句实现。

表 3-2 课程表

课程编号	课程名称	课时数	年级编号
1	LogicJava	220	1
2	HTML	160	1
3	JavaOOP	230	2

（2）为学生表添加数据，如表 3-3 所示。

表 3-3 学生表

学号	密码	学生姓名	性别	年级编号	手机号码		地址	出生日期
10000	123	郭靖	男	1	1364	83	天津市河西区	1990-09-08
10001	123	李文才	男	1	1364	90	地址不详	1994-04-12
10002	123	李斯文	男	1	1364	93	河南洛阳	1993-07-23
10003	123	张萍	女	1	1364	12	地址不详	1995-06-10
10004	123	韩秋洁	女	1	1381	66	北京市海淀区	1995-07-15
10005	123	张秋丽	女	1	1356	46	北京市东城区	1994-01-17
10006	123	肖梅	女	1	1356	21	河北省石家庄市	1991-02-17
10007	123	秦洋	男	1	1305	11	上海市卢湾区	1992-04-18
10008	123	何晴晴	女	1	1305	21	广州市天河区	1997-07-23
20000	123	王宝宝	男	2	1507	23	地址不详	1996-06-05
20010	123	何小华	女	2	1331	54	地址不详	1995-09-10
30011	123	陈志强	女	3	1368	30	地址不详	1994-09-27
30012	123	李露露	女	3	1368	54	地址不详	1992-09-27

（3）使用提供的 SQL 脚本（见教学资料）为成绩表添加数据。

3.1.3 更新数据记录

数据更新是经常发生的事情，使用 SQL 可更新表中某行数据。语法格式如下。

```
UPDATE 表名 SET 列名 = 更新值 [WHERE 更新条件 ];
```

其中：

① SET 关键字后面可以紧随多个"列名＝更新值"以修改多个数据列的值，不限一个，不同列之间使用逗号分隔；

② WHERE 子句是可选的，用来限制更新数据的条件。若不限制，则整个表的所有数据行都将被更新。

需要注意的是，使用 UPDATE 语句可能更新一行数据，也可能更新多行数据，也可能不会更新任何数据。下面具体看几个示例。

【示例 6】

在学生表中，要把所有学生的性别都改为"女"（女生）。

关键代码：

```
UPDATE student SET sex = '女';
```

【示例 7】

将地址为"北京女子职业技术学校刺绣班"的学生的班级改为"北京女子职业技术学校家政班"，要求按照条件更新学生信息。

关键代码：

```
UPDATE student
SET address =' 北京女子职业技术学校家政班 '
WHERE address = ' 北京女子职业技术学校刺绣班 ';
```

前面已经提到，在 SQL 表达式中，可以使用列名和数值。下面看一个示例。

【示例 8】

如果学生在考试时有一道题目的标准答案错了，导致评分失误，事后需要在成绩表中更新成绩，所有低于或等于 95 分的成绩都在原来的基础上加 5 分。

关键代码：

```
UPDATE result
SET studentResult= studentResult + 5 WHERE studentResult <= 95;
```

注意

在更新数据时，一般都有条件限制，即使用 WHERE 条件子句，否则将更新表中所有行的数据，这可能导致有效数据的丢失。

3.1.4 删除数据记录

删除数据行也是经常会用到的操作，使用 SQL 语句来删除数据的操作相对比较简单。

1. 使用 DELETE 删除数据

使用 DELETE 语句删除表中的数据，语法格式如下。

```
DELETE [FROM] 表名 [WHERE < 删除条件 >] ;
```

【示例 9】

在学生表中删除姓名为"王宝宝"的数据。

关键代码：

```
DELETE FROM student WHERE studentName ='王宝宝';
```

还有一种情况，如果要删除的行的主键值被其他表引用，例如，学生表中的 studentNo 列被分数表中的 studentId 引用，那么删除被引用的行的语句如下。

```
DELETE FROM student WHERE studentNo = 10002;
```

MySQL 将报告与约束冲突的错误信息，如图 3.8 所示。

图3.8　删除数据报错

 注意

DELETE 语句删除的是整条记录，不会只删除单列，所以在 DELETE 后不能出现列名，例如，执行以下 SQL 语句后：

```
DELETE address FROM student;
```

MySQL 将报告错误信息。

2. 使用 TRUNCATE TABLE 删除数据

TRUNCATE TABLE 语句可用来删除表中的所有行，功能上类似于没有 WHERE 子句的 DELETE 语句。

【示例 10】

使用 TRUNCATE TABLE 实现删除学生表中的所有记录行。

关键代码：

```
TRUNCATE TABLE student;
```

但 TRUNCATE TABLE 语句比 DELETE 语句执行速度快，使用的系统资源和事务日志资源更少，并且删除数据后表的标识列会重新开始编号。

注意

TRUNCATE TABLE 语句会删除表中的所有行，但表的结构、列、约束、索引等不会被改动。TRUNCATE TABLE 语句不能用于有外键约束引用的表，这种情况下，需要使用 DELETE 语句。实际工作中不建议使用 TRUNCATE TABLE 语句，因为使用它删除的数据不能恢复。

上机练习 2　修改学生表、课程表数据

（1）将学生表中学号为 20000 的学生的地址修改为"西直门东大街 215 号"，密码改为 000。

（2）将课程表中课时数大于 200 且年级编号为 1 的课程的课时数减少 10。

（3）将所有年级编号为 1 的学生姓名、性别、手机号码、出生日期信息保存到新表 student_grade1 中。

上机练习 3　删除学生数据

（1）由于入学年龄条件限制，学校要求不允许 1997 年 7 月 1 日后出生的学生入学，由于操作失误，已经将不符合要求的学生信息输入数据表 student 中，现在需要进行删除。

（2）新学期开始，"张萍"同学转学，请删除该同学的相关个人信息。如果该同学已有考试记录，也需要进行删除。

3.1.5　数据查询语句

1．使用 SELECT 语句进行查询

查询数据使用 SELECT 语句，最简单的查询语句的语法格式如下。

```
SELECT < 列名 | 表达式 | 函数 | 常量 >
FROM < 表名 >
[WHERE < 条件表达式 >]
[ORDER BY < 排序的列名 >[ASC 或 DESC]] ;
```

其中，WHERE 子句是可选的，用来限制查询数据的条件。若不限制，则查询返回整个表所有行的数据；ORDER BY 子句用来排序，将会在后续章节进行详细介绍。

 注意

（1）查询语句可以分为多个子句，例如，上面的查询语法可以划分为 SELECT…FROM…WHERE…ORDER BY 四个子句，对于复杂的 SQL 语句，可以将每个子句单独写成一行，以方便调试和查找错误。

（2）在查询语句中还可以使用很多其他的关键字来实现其他特殊的要求。有关 SELECT 语句的详细语法请参考 MySQL 帮助文档和教程。

（1）查询所有的行和列。把表中的所有行和列都列举出来比较简单，这时候可以使用"*"表示所有的列。

使用 Navicat
查询数据

【示例 11】

查询学生表所有学生信息。

关键代码：

```
SELECT * FROM student;
```

（2）查询部分行和列。查询部分列需要列举不同的列名，而查询部分行需要使用 WHERE 子句进行条件限制。

【示例 12】

查询学生表中地址为"河南新乡"的学生信息。

关键代码：

```
SELECT studentNo,studentName,address FROM student WHERE address = '河南新乡';
```

以上的查询语句将只查询地址为"河南新乡"的学生，并且只显示学号、姓名和地址列。

【示例 13】

查询地址不是"河南新乡"的学生信息。

关键代码：

```
SELECT studentNo,studentName,address FROM student WHERE address <> '河南新乡';
```

以上的查询语句查询的是地址为"河南新乡"以外的学生，且显示这些学生的字号、姓名和地址列。

（3）在查询中使用列的别名。AS 子句可以用来改变结果集中列的名称，也可以为组合或者计算出的列指定名称，还可以用来让标题列的信息更易懂。

【示例 14】

查询学生表中地址不是"河南新乡"的学生信息，并将 studentNo 列的列名显示为"学号"，将 studentName 列的列名显示为"学生姓名"，将 address 列的列名显示为"地址"。

分析如下。

在 SQL 中重新修改列名可以使用 AS 子句。

关键代码：

```
SELECT studentNo AS 学号 ,studentName AS 学生姓名 ,address AS 地址
FROM student
WHERE address <> '河南新乡';
```

（4）查询空值。在 SQL 语句中采用"IS NULL"或者"IS NOT NULL"来判断列值是否为空。

【示例 15】

查询学生表中没有填写 E-mail 信息的学生。

关键代码：

```
SELECT studentName FROM student WHERE email IS NULL;
```

（5）在查询中使用常量列。有时候，需要将一些常量的默认信息添加到查询输出结果中，以方便统计或计算。

【示例 16】

查询学生信息的时候，学校名称统一都是"北京新兴桥"。

关键代码：

```
SELECT studentName AS 学生姓名 ,address AS 地址 ,' 北京新兴桥 ' AS 学校名称
FROM student;
```

查询输出结果多了一列"学校名称"，该列的所有数据都是"北京新兴桥"。

2. 常用函数

MySQL 中的函数会将一些常用的处理数据的操作封装起来，这样能大大简化了程序员的工作，提高了开发效率。因此，用户除了要会使用 SQL 语句之外，还需要掌握一些常用函数。以下分类列出了 MySQL 中的常用函数。

（1）聚合函数。MySQL 中的聚合函数用来对已有数据进行汇总，如求和、平均值、最大值、最小值等。MySQL 中的常用聚合函数如表 3-4 所示。

表 3-4　MySQL 中的常用聚合函数

函数名	作用
AVG()	返回某字段的平均值
COUNT()	返回某字段的行数
MAX()	返回某字段的最大值
MIN()	返回某字段的最小值
SUM()	返回某字段的和

【示例 17】

计算学生的总成绩。

分析如下。

可以使用 SUM()函数实现。

关键步骤：

```
SELECT SUM(studentResult) FROM result ;
```

【示例 18】

计算学生的平均成绩。

分析如下。

可以使用 AVG()函数。

关键代码：

```
SELECT AVG(studentResult) FROM result ;
```

（2）字符串函数。字符串函数用来对字符串进行各种处理，MySQL 中的常用字符串函数如表 3-5 所示。

表 3-5　MySQL 中的常用字符串函数

函数名	作用	举例
INSERT(str,pos,len,newstr)	将字符串 str 从 pos 位置开始，长度为 len 的子串替换为字符串 newstr	SELECT INSERT('这是 MySQL 数据库', 3,10,'MySQL'); 返回：这是 MySQL
LOWER(str)	将字符串 str 中的所有字符变为小写	SELECT LOWER('MySQL'); 返回：mysql
UPPER(str)	将字符串 str 中的所有字符变为大写	SELECT UPPER('MySQL'); 返回：MYSQL
SUBSTRING(str,num,len)	返回字符串 str 的第 num 个位置开始长度为 len 的子字符串	SELECT SUBSTRING('JavaMySQLOracle', 5,5); 返回：MySQL
LOCATE(substr,str)	返回子串 substr 在字符串 str 中第一次出现的位置	SELECT LOCATE('And', 'MySQLAndOracle') ; 返回：6

【示例 19】

规定学生姓名的首字母必须大写，输出正确的学生姓名列表。

分析如下。

可采用 UPPER(str)函数实现。

关键代码：

```
SELECT UPPER(studentName) FROM student ;
```

（3）时间日期函数。除了聚合函数和字符串函数，时间日期函数也是 MySQL 中的常用函数。表 3-6 列出了 MySQL 中的常用时间日期函数。

表 3-6　MySQL 中的常用时间日期函数

函数名	作用	举例（部分结果与当前日期有关）
CURDATE()	获取当前日期	SELECT CURDATE(); 返回：2019-07-05
CURTIME()	获取当前时间	SELECT CURTIME(); 返回：14:20:56
NOW()	获取当前日期和时间	SELECT NOW(); 返回：2019-07-05 14:21:20
WEEK(date)	返回日期 date 为一年中的第几周	SELECT WEEK(NOW()); 返回：26
YEAR(date)	返回日期 date 的年份	SELECT YEAR(NOW()); 返回：2019
HOUR(time)	返回时间 time 的小时值	SELECT HOUR(NOW()); 返回：14
DATEDIFF(date1,date2)	返回日期参数 date1 和 date2 之间相隔的天数	SELECT DATEDIFF(NOW(),'2018-8-8'); 返回：331
ADDDATE(date,n)	计算日期参数 date 加上 n 天后的日期	SELECT ADDDATE(NOW(),5); 返回：2019-07-10 14:23:59

【示例 20】

统计学生的出生年份。

分析如下。

采用 YEAR(date)函数。

关键代码：

```
SELECT YEAR(birthday) FROM student ;
```

（4）数学函数。在使用 SQL 语句进行数据操作时，有时也会需要进行数值运算，MySQL 支持的常用数学函数如表 3-7 所示。

表 3-7　MySQL 支持的常用数学函数

函数名	作用	举例
CEIL(x)	返回大于或等于数值 x 的最小整数	SELECT CEIL(2.3) 返回：3
FLOOR(x)	返回小于或等于数值 x 的最大整数	SELECT FLOOR(2.3) 返回：2
RAND()	返回 0～1 的随机数	SELECT RAND() 返回：0.5525468583708134

【示例 21】

对学生的分数取整并输出。

分析如下。

采用 CEIL(x)函数。

关键代码：

```
SELECT CEIL(studentResult) FROM result ;
```

上机练习 4　查询学生相关基本信息

（1）查询所在年级 ID 为 1 的全部学生信息。

（2）查询所在年级 ID 为 2 的全部学生的姓名和电话。

（3）查询所在年级 ID 为 1 的全部女学生的信息。

（4）查询课时超过 60 的课程信息。

（5）将以上查询 SQL 保存为"查询学生相关基本信息.sql"文件。

上机练习 5　查询学生相关复杂信息

（1）查询所在年级 ID 为 1 的课程名称。

（2）查询所在年级 ID 为 2 的所有男学生的姓名和住址。

（3）查询无电子邮件的学生姓名和年级信息。

（4）查询所在年级 ID 为 2 的学生中所有 1990 年后出生的学生姓名。

（5）查询参加了日期为 2019 年 2 月 17 日的"Logic Java"课程考试的学生成绩信息。

（6）查询参加了"HTML"课程考试的学生的总成绩。

（7）查询参加了"Java OOP"课程考试的学生的平均成绩。

难点分析如下。

（1）注意各表之间的关系。例如，通过查询所在年级 ID 为 2 的年级编号，再在课程表中查询对应课程。

（2）如果查询条件涉及多个，需要使用"AND"来连接多个条件。

实现思路及关键代码如下。

（1）在 Navicat 中单击"新建查询"图标新建一个查询窗口，选择数据库 myschool 或在查询窗口中输入语句"USE myschool"。

（2）第 1 道题目参考如下的 SQL 语句。

```
SELECT subjectName FROM subject WHERE gradeId=1;
```

注意这里的 gradeId 对应年级表 grade 中的 gradeId。

（3）相同思路完成第 2～4 道题目。例如：第 2 道题目中涉及多个查询条件，参考如下 SQL 语句。

```
SELECT studentName, address FROM student WHERE gradeId=2 AND sex='男';
```

（4）第 3 道题目参考如下的 SQL 语句。

```
SELECT studentName,gradeId FROM student WHERE email IS NULL;
```

（5）第 5 道题目中涉及课程表 subject 和成绩表 result，可以首先查询出课程的 subjectNo，然后再查询学生成绩信息，参考如下的 SQL 语句。

```
SELECT subjectNo FROM subject WHERE subjectName='Logic Java';
SELECT studentResult FROM result WHERE subjectNo=1 AND examDate=
'2019-2-17';
```

（6）将查询 SQL 保存为"查询学生相关复杂信息.sql"文件。在 Navicat 中，保存后文件自动存储在 myschool 数据库的"查询"节点下。

上机练习 6　使用函数查询学生信息

（1）查询年龄超过 20 周岁的年级编号为 1 的学生信息（假设一年为 365 天）。

（2）查询 1 月过生日的学生信息。

（3）查询某天过生日的学生姓名及所在年级。

（4）查询学号为"10007"的学生 E-mail 的域名。例如，假设他的 E-mail 地址为"qy@yahoo.com"，则查询出他的 E-mail 域名为"yahoo.com"。

（5）新生入学，为其分配一个 E-mail 地址，规则如下：S1+当前日期+4 位随机数+@jbit.com。例如，当前日期是 2019 年 1 月 12 日，产生的四位随机数为 5468，则生成的 E-mail 地址为"S120191125468@jbit.com"。

难点分析如下。

（1）学生年龄超过 20 周岁就意味着，学生的出生日期与当前日期的天数差值大于 365×20 天，SQL 语句参考如下。

```
(DATEDIFF(NOW(), birthday)>=365*20)
```

（2）获取日期 date 中的月份，可采用 MONTH(date)函数；获取日期 date 中的天，可采用 DAY(date)函数。

（3）获取 E-mail 的域名，考虑使用字符串函数 SUBSTRING_INDEX()来处理，该函数将返回字符串参数中在指定序号的分隔符之前的子字符串，参考如下 SQL 语句。

```
SUBSTRING_INDEX(email, '@', -1)
```

（4）获取当前日期的年、月、日，实际就是将当前日期进行拆分，取得指定部分的整数。

（5）生成随机数，将使用到随机函数 RAND()，该函数产生一个 0～1 的数，如果要生成 4 位随机数，可以使用 ROUND()再进行处理，参考如下 SQL 语句。

```
round(round(rand(),4)*10000)
```

（6）如果将多个字符串连接在一起，需要使用 CONCAT()函数，注意，MySQL 不支持字符串"+"操作。

3．ORDER BY 子句

如果需要将查询结果按照一定顺序排列，则需要使用 ORDER BY 子句，并且排序可以是升序（ASC）或者降序（DESC）。如果不指定 ASC 或者 DESC，查询结果集默认按 ASC 升序排序。

上面讲述过的 SQL 语句都可以在其后再加上 ORDER BY 进行排序。

【示例 22】

查询学生成绩的时候，需要把所有成绩都降低 10%后加 5 分，在此基础上再查询及格成绩并按照成绩从低到高进行排列。

关键代码：

```
SELECT studentNo AS 学生编号 ,(studentResult*0.9+5) AS 成绩
FROM result
WHERE (studentResult*0.9+5)>60 ORDER BY studentResult;
```

语句执行结果如图 3.9 所示。

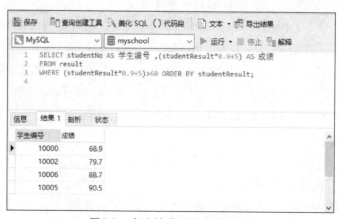

图 3.9　查询结果按照升序排列

查询数据时，还可以按照多列进行排序。

【示例23】

输出成绩信息，要求在学生成绩排序的基础上，再按照课程编号进行排序。

关键代码：

```
SELECT studentNo AS 学生编号 , subjectNo AS 课程编号 , studentResult AS 成绩
FROM result
WHERE studentResult>60
ORDER BY studentResult,subjectNo;
```

思考

如果成绩按照降序，课程编号按照升序，SQL 语句该如何编写呢？

上机练习 7　使用排序查询学生相关信息

（1）查询年级编号为 1 的学生信息并按照出生日期升序排列。

（2）按日期先后、成绩由高到低的次序查询编号为 1 的课程考试信息。

（3）查询学号为"10000"的学生参加过的所有考试信息，并按照时间先后顺序显示。

（4）将查询 SQL 保存为"使用排序查询学生相关信息.sql"文件。

注意

按照多列进行排序时，列之间使用逗号分隔，并且可在每列后面设置排序的升降序，例如，ORDER BY 列 1 ASC，列 2 DESC。

4. LIMIT 子句

以上操作中实现了对数据表的基本查询操作，但是展示的是一个数据表中的全部数据。但在实际开发中，可能只要求显示指定位置指定行数的记录，使用 LIMIT 子句可实现限制查询出的数据的位置和数目的目的。

语法格式如下。

```
SELECT < 字段名表 >
FROM < 表名或视图 >
[WHERE < 查询条件 >]
[GROUP BY< 分组的字段名 >]
[ORDER BY < 排序的列名 >[ASC 或 DESC]]
[LIMIT [ 位置偏移量 ]，行数 ] ;
```

上述语法中的 LIMIT 部分介绍如下。

（1）位置偏移量。位置偏移量是指从结果集中第几条数据开始显示（第 1 条记录的位置偏移量是 0，第 2 条记录的位置偏移量是 1，……，以此类推），该参数可选，

当省略时默认从第 1 条记录开始显示。

（2）行数。行数是指显示记录的条数。

LIMIT 子句可以实现数据的分页查询，即从一批结果数据中规定每页显示多少条数据，也可以查询中间某页记录。LIMIT 子句经常与 ORDER BY 子句一起使用，即先对查询结果进行排序，然后根据 LIMIT 的参数显示其中部分数据。

LIMIT 子句

【示例 24】

查询所有年级编号为 1 的学生信息，按学号升序显示前 4 条记录。

关键代码：

```
SELECT `studentNo`,`studentName`,`phone`,`address`,`birthday`
FROM `student`
WHERE `gradeId` = 1 ORDER BY studentNo LIMIT 4;
```

执行结果如图 3.10 所示。

图3.10　使用LIMIT子句指定显示的行数记录

以上示例省略了位置偏移量，即从第 1 条记录开始显示。

【示例 25】

查询所有年级编号为 1 的学生信息，其中每页显示 4 条数据。要求输出第二页的全部数据。

分析：

经过计算，应从第 5 条记录开始显示 4 条数据。

关键代码：

```
SELECT `studentNo`,`studentName`,`phone`,`address`,`birthday`
FROM `student`
WHERE `gradeId` = 1 ORDER BY studentNo LIMIT 4,4;
```

执行结果如图 3.11 所示。

图3.11 使用LIMIT子句实现分页查询

从图 3.11 可看出，使用"LIMIT 4,4"实际是从第 5 条记录开始显示的，因为第 1 条记录的位置偏移量为 0。

上机练习 8 查询学生信息

（1）查询 2019 年 2 月 17 日考试成绩前 5 名的学生的学号和分数。

（2）查询 ID 为 2 的年级开设的课时最多的课程名称。

（3）查询年龄最小的学生的姓名及所在的年级。

（4）查询 2019 年 2 月 17 日参加考试的学生的最低分出现在哪门课程。

（5）查询学号为"10000"的学生参加过的所有考试中的最高分及时间、课程。

（6）将所有女学生按年龄从大到小排序，从第 2 条记录开始显示 6 名女学生的姓名、年龄、出生日期、手机号码信息。

（7）查询参加 2019 年 2 月 17 日考试的所有学生的最高成绩、最低成绩、平均成绩。

3.2 任务 2：使用模糊查询查询学生信息

任务目标

❖ 认识通配符。

❖ 会使用 LIKE、BETWEEN 和 IN 关键字进行模糊查询。

在前面章节中，我们学习了使用 SELECT 语句来查询数据，同时也学习了使用 WHERE 子句根据条件获取数据。WHERE 子句中可以通过"="来设定获取数据的条件，例如"age=20"。但是，在实际应用中，有时查询者对查询条件也是模糊的、不明确的。例如，查询张姓学生的信息，查询分数在 60～80 分的考试成绩或者查询北京、上海、广州地区的学生，这种查询不是指定某个人的姓名、某个具体的分数或者某个固定的地区，这样的查询都属于模糊查询。

模糊查询可以使用 LIKE 关键字、通配符来进行。前面学习过的"IS NULL"查询严格说也是一种模糊查询。模糊查询还有基于某个范围内的查询和在某些列举值内的查询。我们首先来看什么是通配符。

3.2.1 通配符

简单地讲，通配符是一类字符，它可以代替一个或多个真正的字符，查找信息时作为替代字符出现。SQL 中的通配符必须与 LIKE 关键字一起使用，以完成特殊的约束或要求。

SQL 中的通配符如表 3-8 所示。

表 3-8　SQL 中的通配符

通配符	解释	举例
_	一个字符	A LIKE 'C_'，则符合条件的 A 如 CS、Cd 等
%	任意长度的字符串	B LIKE 'CO%'，则符合条件的 B 如 CONST、COKE 等
[]	括号中所指定范围内的一个字符	C LIKE '9W0[0-9]'，则符合条件的 C 如 9W01、9W02 等
[^]	不在括号中所指定范围内的任意一个字符	D LIKE '9W0[^1-2]'，则符合条件的 D 如 9W03、9W07 等

3.2.2 使用 LIKE 进行模糊查询

通常，在查询语句中，使用 LIKE 子句进行模糊查询的关键语法如下所示。

```
SELECT <列名>
FROM <表名>
WHERE <列名> LIKE 条件1 [AND [OR]] <列名>= '值';
```

LIKE 子句用于匹配字符串或字符串的一部分，由于该运算符只用于字符串，因此仅与字符数据类型（如 CHAR 或 VARCHAR 等）联合使用。

在进行数据更新、删除或者查询的时候，都可以使用 WHERE…LIKE 关键字进行匹配查找。

【示例 26】

查询学生表，输出所有张姓学生的信息。

关键代码：

```
SELECT * FROM student WHERE studentName LIKE '张%';
```

【示例 27】

查询学生表中住址包含"北京"字样的学生信息。

关键代码：

```
SELECT * FROM student WHERE address LIKE '%北京%';
```

3.2.3　使用 BTWEEN 在某个范围内进行查询

使用关键字 BETWEEN 可以查询那些介于两个已知值之间的一组未知值。要实现这种查询，必须知道查询的初值和终值，并且初值要小于或等于终值，初值和终值用 AND 关键字分开。

【示例 28】

查询成绩表中分数在 60（含）分到 80（含）分的学生信息。

```
SELECT * FROM result WHERE studentResult BETWEEN 60 AND 80;
```

如果写成如下形式：

```
SELECT * FROM result WHERE studentResult BETWEEN 80 AND 60;
```

虽不会报语法错误，但也不会查询到任何信息。

此外，BETWEEN 查询在查询日期范围的时候使用得比较多。

【示例 29】

查询学生表中在 "1990-1-1" 至 "1993-12-31" 出生的学生信息。

关键代码：

```
SELECT * FROM student WHERE birthday BETWEEN '1990-1-1' AND '1993-12-31';
```

【示例 30】

查询学生表中不在 "1990-1-1" 至 "1993-12-31" 出生的学生信息。

关键代码：

```
SELECT * FROM student WHERE birthday NOT BETWEEN'1990-1-1' AND
'1993-12-31';
```

注意，这里使用 NOT 对限制条件进行 "取反" 操作。

3.2.4　使用 IN 在列举值内进行查询

如果查询的值是指定的某些值之一，可以使用带列举值的 IN 关键字进行查询，将列举值放在圆括号里，用逗号分开。

【示例 31】

查询学生表中学生电话前三位是 137、135、136 的学生的信息。

关键代码：

```
SELECT * FROM student
WHERE SUBSTRING(phone,1,3) IN ('137', '135', '136');
```

同样可以把 IN 关键字和 NOT 关键字合起来使用，这样可以得到所有不匹配列举值的行。

注意，列举值类型必须与匹配的列具有相同的数据类型。

上机练习 9　使用模糊查询查询相关学生信息

（1）查询住址在 "北京" 的学生姓名、电话、住址。

（2）查询名称中含有 "数据库" 字样的科目名称、学时及所属年级，并按年级由低到高显示。

（3）查询电话中以"1356"开头的学生的姓名、住址和电话。

（4）查询姓名为"张*"的学生的学号、姓名和住址，其中"*"代表一个字。

（5）查询学号为 10005 的学生参加的科目编号为 1、2、3 的考试成绩信息。

（6）查询出生日期为"1989-1-1"到"1995-12-31"的学生信息。

难点分析如下。

匹配一个字符的通配符和匹配多个字符的通配符的区别。

实现思路及关键代码如下。

（1）第 1 道题目中住址为"北京"，并没有说明是北京什么地方，所以使用匹配多个字符的通配符，参考如下 SQL 语句。

```
SELECT studentName,phone,address
FROM Student WHERE address LIKE '%北京%';
```

 注意

如果写成"LIKE '北京%'"可能会漏查数据。

（2）第 4 道题目是查询姓张的单字名的学生信息，需要使用匹配一个字符的通配符，参考如下 SQL 语句。

```
SELECT studentNo,studentName,address
FROM student WHERE studentName LIKE '张_';
```

（3）第 5 道题目的条件有两个：学号为 10005，并且科目编号为 1、2、3。可以使用 AND 关键字连接两个条件，使用 IN 关键字来限定科目，参考如下 SQL 语句。

```
SELECT * FROM result
WHERE studentNo='10005' AND subjectNo IN(1,2,3);
```

（4）第 6 道题目查询两个日期值之间的信息，使用 BETWEEN 关键字即可。

本章小结

本章学习了以下知识点。

1. MySQL 的存储引擎。

（1）常用存储引擎：InnoDB、MyISAM。

（2）InnoDB：支持事务处理、外键约束、占用空间比 MyISAM 大，适用于需要事务处理、更新删除频繁的应用场景。

（3）MyIASM：不支持事务和外键约束，占用空间较小，访问速度快，适用于不需事务处理，频繁查询的应用场景。

2. MySQL 中的 DML 语句。

（1）插入数据记录（INSERT）：MySQL 中 INSERT INTO…VALUES…语句可同

时插入多条记录。

（2）更新数据记录（UPDATE）。

（3）删除数据记录（DELETE）。

3．MySQL 中的 DDL 语句。

（1）创建语句（CREATE）。

（2）修改语句（ALTER）。

（3）删除语句（DROP/TRUNCATE）。

4．MySQL 中的 SELECT 语句。

（1）SELECT 语法：查询所有、查询部分、查询中使用别名、查询空值和查询中使用常量。

（2）WHERE 子句：对查询结果进行限定。

（3）ORDER BY 子句：对查询结果进行排序。

（4）LIMIT 子句：对查询结果进行查询数量限定。

5．MySQL 的常用函数分类：聚合函数、字符串函数、时间日期函数和数学函数。

6．通配符是一类字符，它可以代替一个或多个真正的字符，在查找数据时作为替代字符出现。

7．"_"和"%"分别匹配一个字符和多个字符。

8．使用 LIKE、BETWEEN、IN 关键字，能够进行模糊查询。

本章练习

1．举例说明在 MySQL 中如何限定查询结果显示的条数。

2．举例说明常用的聚合函数有哪几个，作用分别是什么。

3．已知一张银行开户表 card 包含卡号（cardId）、开户日期（openDate）、密码（password）等列，完成以下需求。

（1）使用 SQL 语句和时间日期函数获得本周开卡的信息。

（2）用户新卡的初始密码是随机生成的，现在出现一个问题：对于卡里面的字母"O"和数字"0"、字母"i"和数字"1"，用户反映看不清楚。于是，公司决定，把存储在数据库中的密码所有的字母"O"都改成数字"0"，所有的字母"i"都改成数字"1"。

4．使用第 2 章作业中创建的图书馆管理系统数据库，完成以下题目。

（1）查询 2002 年以后出版的图书信息。要求：输出图书名称、图书编号、作者姓名、出版时间、出版社和单价。

（2）将借阅书籍数按照从高到低进行排序，输出前三名的读者信息，包括读者姓名、借阅书籍总数。

（3）查询罚款金额的最高记录值。

5．在 MySQL 数据库中，房屋信息表 HouseInfo 的结构如表 3-9 所示，现在需要查询如下信息，请编写 SQL 语句实现。

（1）房屋类型包含"一厅"的房屋信息。

（2）房主姓名为"于*玲"的房屋信息，其中"*"代表一个字。

（3）地理位置为"解放区"的出租屋信息。

（4）所有"一室一厅"出售房的平均面积。

表 3-9　房屋信息表 HouseInfo 的结构

序号	字段名称	字段说明	类型	位数	备注
1	HouseId	序号	INT	—	自动编号，主键
2	HouseType	房屋类型	NVARCHAR	30	如一室一厅等
3	Area	面积	FLOAT	—	房屋建筑面积
4	Landlord	房主姓名	NVARCHAR	20	
5	LandlordId	身份证号	NVARCHAR	18	房主证件号码
6	ExchangeType	交易类型	NVARCHAR	2	只输入"出租"或"出售"
7	LandlordTel	联系电话	VARCHAR	20	
8	Address	地理位置	NVARCHAR	50	

高级查询（一）

❖ 掌握子查询的用法。
❖ 掌握 IN 子查询的用法。
❖ 掌握 EXISTS 子查询的用法。
❖ 了解子查询的关键点。

❖ 使用简单子查询查询考试成绩。
❖ 使用 IN 子查询查询课程。
❖ 按指定条件查询考试成绩。
❖ 统计某门课程考试信息。

4.1 任务 1：使用简单子查询查询考试成绩

任务目标

❖ 了解子查询的应用场景及什么是子查询。

❖ 会使用简单子查询。

前面学习了 MySQL 中如何使用 SELECT、INSERT、UPDATE 和
DELETE 语句对数据进行简单查询和更新操作。在此基础上，我们开始
学习子查询。那么，究竟什么是子查询？子查询有什么作用？带着这些
疑问，我们先来解决本节第一个问题。

简单子查询

【示例 1】

学生表数据如图 4.1 所示。

图4.1 学生表数据

根据图 4.1 所示的数据，查询年龄比"李斯文"小的学生，要求显示这些学生的
信息

分析如下。

在 student 表中进行查询，查询条件是年龄比"李斯文"小，如何实现呢？

（1）先查询"李斯文"的出生日期。

（2）再利用 WHERE 语句筛选出生日期比"李斯文"出生日期小的学生。

实现方法 1：根据以上分析思路，问题可以分两步实现。

关键代码：

```
# 查找出 " 李斯文 " 的出生日期
SELECT `birthday` FROM `student` WHERE `studentName`='李斯文';
# 利用 WHERE 语句筛选出生日期在 " 李斯文 " 之后的学生
SELECT `studentNo`,`studentName`,`sex`,`birthday`,`address`
FROM `student` WHERE birthday > '1993-07-03';
```

分别运行上述两条语句，结果如图 4.2 和图 4.3 所示。

birthday
1993-07-03 00:00:00

图4.2　查询“李斯文”的出生日期

studentNo	studentName	sex	birthday	address
10001	李文才	男	1994-04-12 00:00:00	地址不详
10003	张萍	女	1995-06-10 00:00:00	地址不详
10004	韩秋洁	女	1995-07-15 00:00:00	北京市海淀区
10005	张秋丽	女	1994-01-17 00:00:00	北京市东城区
20000	王宝宝	男	1996-06-05 00:00:00	西直门东大街215号
20010	何小华	女	1995-09-10 00:00:00	河南新乡
30011	陈志强	男	1994-09-27 00:00:00	地址不详

图4.3　查询年龄比“李斯文”小的学生

方法 1 中共使用了两个查询语句。首先，通过第一条 SELECT 语句从表 student 中查询“李斯文”的出生日期是“1993-07-03”；然后，利用第二条 SELECT 语句查询出生日期在“1993-07-03”之后的学生记录，即可得到年龄比“李斯文”小的学生信息。有没有更简洁的实现语句呢？答案是肯定的。

实现方法 2：采用子查询实现。

关键代码：

```
SELECT `studentNo`,`studentName`,`sex`,`birthday`,`address`
FROM `student`
WHERE `birthday`>(SELECT `birthday` FROM `student` WHERE `studentName`=
'李斯文');
```

从方法 2 代码中可以发现，方法 1 代码中的两条查询语句已合并成为一条 SQL 语句。其中，方法 1 中的第一步查询语句“SELECT `birthday` FROM `student` WHERE `studentName`='李斯文';”就是子查询，因为它嵌入外层查询语句“SELECT `studentNo`, `studentName`,`sex`,`birthday`,`address` FROM `student`”中作为 WHERE 条件的一部分。

子查询在 WHERE 子句中的一般语法格式如下。

```
SELECT…FROM 表 1 WHERE 字段 1 比较运算符(子查询);
```

其中，子查询语句必须放置在一对圆括号内，比较运算符包括>、=、<、>=、<=。习惯上，外层查询称为父查询，圆括号中嵌入的查询称为子查询。执行 SQL 语句时，先执行子查询部分，求出子查询部分的值，再执行整个父查询，返回最后的结果。子查询作为 WHERE 条件的一部分，还可以和 UPDATE、INSERT、DELETE 一起使用，其语法类似于 SELECT 语句。

> **注意**
>
> （1）将子查询和比较运算符联合使用，必须保证子查询返回的值不能多于一个。
>
> （2）SELECT 语句中使用 SELECT * FROM `student`语句的执行效率会低于 SELECT `studentNo`、`studentName`、`sex`,`birthday`、`address` FROM `student`，因为前者获得表中所有字段值所占用的资源将大于后者获得的指定字段值所占资源。另外，后者的可维护性高于前者。因此，在编写查询语句时，建议大家采用以下格式。
>
> ```
> SELECT 字段列表 FROM 表名 WHERE 条件表达式;
> ```

实现方法 2 中的子查询是将两个查询的结果集合并在一起，除此之外，子查询还可以在多表间查询符合条件的数据，请参照以下问题进一步熟悉子查询的使用方法，涉及的成绩表的数据如图 4.4 所示。

studentNo	subjectNo	examDate	studentResult
10000	1	2019-02-17 00:00:00	71
10001	1	2019-02-17 00:00:00	46
10002	1	2019-02-17 00:00:00	83
10004	1	2019-02-17 00:00:00	60
10005	1	2019-02-17 00:00:00	95
10006	1	2019-02-17 00:00:00	93
10007	1	2019-02-17 00:00:00	23

图4.4　成绩表的数据

【示例 2】

查询"Logic Java"课程至少一次考试成绩刚好及格（为 60 分）的学生名单。

分析如下。

（1）查询课程表 subject，获得"Logic Java"课程的课程编号。

（2）根据课程编号，查询成绩表 result 中成绩为 60 分的学生的学号。

（3）根据学号，查询学生表 student，得到学生姓名。

实现方法：采用子查询。

关键代码：

```
SELECT `studentName` FROM `student` WHERE `studentNo` =
(SELECT `studentNo` FROM `result` WHERE subjectNo =
(SELECT `subjectNo` FROM `subject`
WHERE studentResult=60 AND `subjectName`='Logic Java'));
```

其中，括号中的子查询刚好查询出"Logic Java"课程考试成绩为 60 分的学生的学号。上述 SQL 语句的运行结果如图 4.5 所示。

```
SELECT `studentName` FROM `student` WHERE `studentNo` =
  (SELECT `studentNo` FROM `result` WHERE subjectNo = (SELECT `subjectNo` from `subject`
  WHERE studentResult=60 AND `subjectName`='Logic Java'));
```

图4.5　查询考试成绩刚好及格（60分）的学生

注意，示例 2 在子查询语句中又嵌套了一个子查询，用于查询获得"Logic Java"课程的课程编号。因此，示例 2 代码是一个三层嵌套的子查询语句。在实际的软件开发中，程序员可能经常需要通过使用多层嵌套的子查询来实现复杂的查询功能。

注意

读者能找出示例 2 代码中具有嵌套关系的 3 个查询语句吗？能否描述一下示例 2 代码的执行步骤？

上机练习 1　查询指定学生的考试成绩

查询参加最近一次"Logic Java"考试的学生的最高成绩和最低成绩。

提示

（1）查询获得"Logic Java"课程的课程编号。
（2）查询获得"Logic Java"课程最近一次的考试日期。
（3）根据课程编号和最近一次考试日期查询考试的学生的最高成绩和最低成绩。

4.2　任务 2：使用 IN 子查询查询课程

任务目标

❖　了解 IN 子查询的应用场景。
❖　会使用 IN 子查询。
❖　会使用 NOT IN 子查询。

4.2.1　IN 子查询

IN 子查询

在第 3 章中，我们已经介绍了 IN 关键字，用来在列举值内进行查询。因此，使用 IN 关键字可以使父查询匹配子查询返回的多个单字段值。

在 MySQL 中，使用=、>等比较运算符时，要求子查询只能返回一条或空的记录。若子查询跟随在=、!=、<、<=、>和>=之后，则不允许子查询返回多条记录。例如，示例 2 中查询"Logic Java"课程至少一次考试刚好为 60 分的学生名单。在成绩表 result 中刚好只有 1 条记录满足条件，韩秋洁（学号是 10004）的 Logic Java 课程考试成绩刚好是 60 分。如果有多条记录满足条件，即有多个学生的 Logic Java 课程考试成绩为 60 分，采用上述子查询将出现运行错误。

在使用示例 2 的查询代码之前，确保成绩表 result 中刚好有两条或两条以上 60 分的考试记录。例如，执行一条更新语句如下所示。

```
#修改 1 位学生的成绩数据
UPDATE result SET `studentResult`=60 WHERE `studentNo`=10000 and
`subjectNo`=1;
```

此时，再执行示例 2 的代码，会出现如图 4.6 所示的错误。

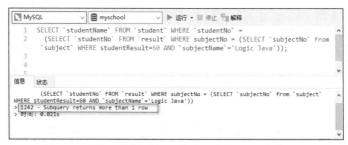

图4.6　比较运算符后的子查询不允许返回多条记录

出错信息"1242—Subquery returns more than 1 row"的意思是"子查询返回值不唯一"。如何解决这个问题呢？下面我们来重新实现这个需求。

【示例 3】

查询"Logic Java"课程至少一次考试刚好为 60 分的学生名单。

关键步骤：

在示例 2 代码的基础上，将"="改为"IN"。

关键代码：

```
SELECT `studentName` FROM `student` WHERE `studentNo` IN
  (SELECT `studentNo` FROM `result` WHERE subjectNo = (SELECT `subjectNo`
FROM `subject` WHERE studentResult=60 AND 'subjectName'='Logic Java'));
```

上述语句的运行结果如图 4.7 所示。

图4.7　IN子查询

从示例 3 的代码可以看出，IN 后面的子查询可以返回多条记录，用于限制学号的筛选范围。

下面再看一个新问题。

【示例 4】

查询参加"Logic Java"课程最近一次考试的在读学生名单。

分析如下。

（1）获得"Logic Java"课程的课程编号。

```
SELECT `subjectNo` FROM `subject` WHERE `subjectName`='Logic Java';
```

（2）根据课程编号查询得到"Logic Java"课程最近一次的考试日期。

```
SELECT MAX(`examDate`) FROM `result` WHERE `subjectNo`= ( SELECT
`subjectNo` FROM `subject` WHERE `subjectName`='Logic Java' );
```

（3）根据课程编号和最近一次的考试日期查询学生信息。

实现这个需求需要查询三个表：课程表 subject、成绩表 result 和学生表 student，具体的 SQL 语句如下所示。

关键代码：

```
/* 采用 IN 子查询获得参加最近一次考试的在读学生名单 */
SELECT `studentNo`, `studentName` FROM `student` WHERE `studentNo`
IN(
    SELECT `studentNo` FROM `result` WHERE `subjectNo` = (
    # 获得参加 Logic Java 课程最近一次考试的所有学生的学号
    SELECT `subjectNo` FROM `subject` WHERE `subjectName`='Logic Java'
    ) AND `examDate` = (
    # 获得 Logic Java 课程最近一次的考试日期
    SELECT MAX(`examDate`) FROM `result` WHERE `subjectNo` = (
    # 获得 Logic Java 课程的课程编号
    SELECT `subjectNo` FROM `subject` WHERE `subjectName`='Logic Java')
    )
);
```

上述语句的运行结果如图 4.8 所示。

图4.8　查询参加"Logic Java"课程最近一次考试的在读学生名单

仔细阅读示例 4 的代码发现，这是一个包含了 4 层嵌套子查询的查询语句。第 4 层（即最内层）子查询用于获得"Logic Java"课程的课程编号，对应的语句如下。

```
SELECT `subjectNo` FROM `subject` WHERE `subjectName`='Logic Java'
```

第 3 层子查询用于在第 4 层子查询获得"Logic Java"课程编号的基础上，获得此课程最近一次的考试日期，代码如下。

```
SELECT MAX(`examDate`) FROM `result`
WHERE `subjectNo` = (
    SELECT `subjectNo` FROM `subject`
    WHERE `subjectName`='Logic Java'
)
```

有了"Logic Java"课程最近一次的考试日期后，执行第 2 层子查询，即可获得参加"Logic Java"课程最近一次考试的所有学生的学号，代码如下。

```
SELECT `studentNo` FROM `result` WHERE `subjectNo` = (
# 获得参加 Logic Java 课程最近一次考试的所有学生的学号
SELECT `subjectNo` FROM `subject` WHERE `subjectName`='Logic Java'
) AND `examDate` = (
# 获得 Logic Java 课程最近一次的考试日期
SELECT MAX(`examDate`) FROM `result` WHERE `subjectNo` = (
# 获得 Logic Java 课程的课程编号
SELECT `subjectNo` FROM `subject` WHERE `subjectName`='Logic Java'
)
```

第 1 层（即最外层）子查询依据第 2 层子查询的查询结果——参加"Logic Java"课程最近一次考试的所有在读学生的学号，然后再从 student 表中查找出对应的学生姓名。至此，通过嵌套的 4 层子查询得到了参加"Logic Java"课程最近一次考试的在读学生名单。

4.2.2 NOT IN 子查询

学习了 IN 子查询，下面再看一个新问题。

【示例 5】

查询未参加"Logic Java"课程最近一次考试的在读学生名单。

分析如下。

你一定想到了，在示例 4 代码的 IN 关键字之前加上否定的 NOT 即可获得未参加考试的学生名单。查询语句如下所示。

关键代码：

```
/* 采用 NOT IN 子查询获得没有参加考试的在读学生名单 */
SELECT `studentNo`,`studentName`,`gradeId` FROM `student` WHERE `studentNo`
NOT IN(
    SELECT `studentNo` FROM `result` WHERE `subjectNo` = (
    # 获得参加 Logic Java 课程最近一次考试的所有学生的学号
    SELECT `subjectNo` FROM `subject` WHERE `subjectName`='Logic Java'
```

```
) AND `examDate` = (
# 获得 Logic Java 课程最近一次的考试日期
SELECT MAX(`examDate`) FROM `result` WHERE `subjectNo` = (
# 获得 Logic Java 课程的课程编号
SELECT `subjectNo` FROM `subject` WHERE `subjectName`='Logic Java')
)
);
```

上述 SQL 语句的运行结果如图 4.9 所示。

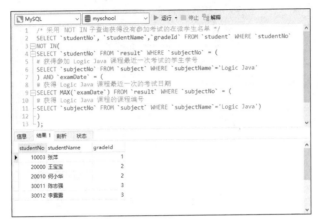

图4.9　查询未参加"Logic Java"课程最近一次考试的在读学生名单

从图 4.9 中看到，示例 5 中代码的运行结果集数据不仅包含了"Logic Java"课程所在年级 ID 为 1 的学生记录，还包括了年级 ID 为 2 即第二学年等高年级学生的名单，这不符合我们的初衷，我们希望获得开设"Logic Java"课程所在年级（年级 ID 为 1）的在读学生中未参加这门课程最近一次考试的学生名单。那么，如何在示例 5 中代码的基础上进行完善呢？其实不难，只需要增加一个查询条件以限制"Logic Java"课程所在年级的学生即可。

【示例6】

查询开设"Logic Java"课程所在年级（即年级 ID 为 1）中未参加这门课程最近一次考试的在读学生名单。

关键代码：

```
/* 采用 NOT IN 子查询获得未参加考试的在读学生名单 */
SELECT `studentNo`, `studentName`,`gradeId` FROM `student` WHERE `studentNo`
NOT IN(
    SELECT `studentNo` FROM `result` WHERE `subjectNo` = (
    # 获得参加 Logic Java 课程最近一次考试的所有学生的学号
    SELECT `subjectNo` FROM `subject` WHERE `subjectName`='Logic Java'
    ) AND `examDate` = (
    # 获得 Logic Java 课程最近一次的考试日期
    SELECT MAX(`examDate`) FROM `result` WHERE `subjectNo` = (
    # 获得 Logic Java 课程的课程编号
```

```
            SELECT `subjectNo` FROM `subject` WHERE `subjectName`='Logic Java')
        )
)
AND `gradeId` = (
SELECT `gradeId` FROM `subject` WHERE `subjectName` = 'Logic Java'
);
```

上述 SQL 语句的运行结果如图 4.10 所示。

图4.10　查询开设"Logic Java"课程的所在年级中未参加该课程最近一次考试的在读学生名单

上机练习 2　查询某年级开设的课程

使用 IN 子查询查询年级名称为 S1 的年级所开设的课程。

💡 **提示**

（1）查询年级名称是 S1 的所有课程的课程编号。

（2）根据课程编号查询课程表得到课程名称。

上机练习 3　查询某课程最近一次考试缺考的学生名单

使用 NOT IN 子查询查询未参加 HTML 课程最近一次考试的在读学生名单。

💡 **提示**

（1）查询未参加 HTML 课程最近一次考试的在读学生名单。

（2）限定 HTML 课程所在年级。

4.3 任务 3：按指定条件查询考试成绩

任务目标

❖　了解 EXISTS 子查询的应用场景。

❖　会使用 EXISTS 子查询。

❖   会使用 NOT EXISTS 子查询。

EXISTS 关键字我们并不陌生，在学习创建库和创建表的语句时曾使用过，它用来检测数据库对象是否存在。下面分别介绍 EXISTS 子查询和 NOT EXISTS 子查询。

4.3.1 EXISTS 子查询

EXISTS 子查询用来确认后边的查询是否继续进行，返回值是 true 或 false。例如，如果存在数据表 temp，则先删除它，然后重新创建。语法格式如下。

EXISTS
子查询

```
DROP TABLE IF EXISTS temp;
```

除以上用法之外，EXISTS 也可以作为 WHERE 语句的子查询，其基本语法格式如下。

```
SELECT … FROM 表名 WHERE EXISTS( 子查询 );
```

EXISTS 关键字后面的参数是一个任意的子查询，如果该子查询有返回行，则 EXISTS 子查询的结果为 true，此时再执行外层查询语句。如果子查询没有返回行，则 EXISTS 子查询的结果为 false，此时不再执行外层查询语句。

让我们看下面的示例。

【示例 7】

查询"Logic Java"课程最近一次考试成绩，如果有 80 分以上者，则显示成绩排在前 5 名的学生的学号和分数。

分析如下。

（1）使用 EXISTS 检测是否有学生考试成绩在 80 分以上。

（2）如果有成绩在 80 分以上者，则使用 SELECT 语句按成绩从高到低排序，显示前 5 名学生的学号和成绩。

假设"Logic Java"课程最近一次考试的原始成绩如图 4.11 所示。

图4.11 "Logic Java"课程最近一次考试的原始成绩

4
Chapter

解决示例 7 问题的 SQL 语句如下所示。

关键代码：

```
SELECT `studentNo` AS 学号,`studentResult` 成绩 FROM `result`
WHERE EXISTS (
  #查询 Logic Java 最后一次考试成绩大于 80 分的记录
SELECT * FROM `result` WHERE `subjectNo` = (
  SELECT `subjectNo` FROM `subject` WHERE `subjectName` = 'Logic Java'
 ) AND `examDate` = (
   SELECT MAX(`examDate`) FROM `result` WHERE `subjectNo` = (
    SELECT `subjectNo` FROM `subject`
    WHERE `subjectName` = 'Logic Java')
 ) AND `studentResult` > 80)
AND `subjectNo` = ( SELECT `subjectNo` FROM `subject`
WHERE `subjectName` = 'Logic Java')
ORDER BY `studentResult` DESC LIMIT 5;   #按成绩降序排序显示前 5 名
```

上述 SQL 语句的运行结果如图 4.12 所示。

图4.12   显示前5名学生的学号和成绩

示例 7 举例说明了 EXISTS 子查询的用法，即使用 EXISTS 检测是否存在符合条件的记录，再根据实际查询的要求返回相应的记录。

4.3.2 NOT EXISTS 子查询

EXISTS 和 IN 一样，同样允许添加 NOT 关键字实现取反操作，NOT EXISTS 表示不存在对应查询条件的记录。

【示例 8】

查询"Logic Java"课程最近一次考试成绩。如果学生全部没有通过考试（60 分及格），则认为本次考试偏难，计算该次考试平均成绩并加 10 分。

分析如下。

所有学生都没通过考试，即不存在"考试成绩大于或等于 60 分"的学生，可以采用 NOT EXISTS 来检测。SQL 语句如下所示。

关键代码：

```
/*如果没有考试通过的学员，则平均分加 10 分*/
SELECT AVG(studentresult)+10 AS 平均分 FROM result
WHERE NOT EXISTS (
#查询 Logic Java 最后一次考试成绩小于 60 的记录
SELECT * FROM `result` WHERE `subjectNo` = (
    SELECT `subjectNo` FROM `subject` WHERE `subjectName` = 'Logic Java'
  ) AND `examDate` = (
    SELECT MAX(`examDate`) FROM `result` WHERE `subjectNo` = (
      SELECT `subjectNo` FROM `subject`
      WHERE `subjectName` = 'Logic Java')
  ) AND `studentResult` >= 60)
AND `subjectNo` = ( SELECT `subjectNo` FROM `subject`
WHERE `subjectName` = 'Logic Java')
AND `examDate` = (
  SELECT MAX(`examDate`) FROM `result` WHERE `subjectNo` = (
  SELECT `subjectNo` FROM `subject`
  WHERE `subjectName` = 'Logic Java') );
```

注意

　　EXISTS 和 NOT EXISTS 的结果只取决于是否有返回记录，不取决于这些记录的内容，所以 EXISTS 子查询或 NOT EXISTS 子查询后 SELECT 语句中的字段列表通常无关紧要。

上机练习 4　查询所在年级 ID 为 2 的学生考试成绩信息

查询参加年级 ID 为 2 的课程考试的学生学号、课程编号、考试成绩、考试时间。

提示

　　（1）从学生表中查询是否存在年级 ID 为 2 的学生信息。

　　（2）如果存在，从成绩表中查询年级 ID 为 2 的课程的学生成绩信息。年级 ID 为 2 的可能有多门课程。

4.4 任务 4：统计某门课程考试信息

任务目标

❖　了解子查询语句可以出现的位置。

❖　掌握嵌套在 SELECT 语句的 SELECT 子句中的子查询。

❖　掌握嵌套在 SELECT 语句的 FROM 子句中的子查询。

在本章前部分中，我们已经学习了使用简单子查询，并掌握了使用 IN、NOT IN、

EXISTS 和 NOT EXISTS 子查询的方法。在完成较复杂的数据查询时，经常会用到子查询。编写子查询语句时，要注意如下事项。

1. 子查询语句出现的位置

子查询语句可以嵌套在 SQL 语句中任何表达式出现的位置。在 SELECT 语句中，子查询可以被嵌套在 SELECT 语句的列、表和查询条件中，即 SELECT 子句、FROM 子句、WHERE 子句、GROUP BY 子句和 HAVING 子句中。GROUP BY 关键字和 HAVING 关键字在后面章节会进行讲解。前面已经介绍了 WHERE 子句中嵌套子查询的使用方法，下面介绍子查询在 SELECT 子句和 FROM 子句中的使用方法。

2. 嵌套在 SELECT 语句的 SELECT 子句中的子查询

嵌套在 SELECT 语句的 SELECT 子句中的子查询语法格式如下。

```
SELECT ( 子查询 ) FROM 表名;
```

提示

子查询结果为单行单列，因此不必指定列别名。

下面具体看一个示例。

【示例 9】

在数据库 myschool 中，查询参加 "Logic Java" 课程最近一次考试的相关信息，输出学生姓名、课程名称、考试时间以及考试成绩。

分析如下。

（1）获得 "Logic Java" 课程的课程编号。

（2）根据课程编号查询得到 "Logic Java" 课程最近一次的考试日期。

（3）通过查询考试成绩表，可以获得参加 Logic Java 课程最近一次考试的考试信息以及学生 ID。根据需求，需要输出学生姓名和课程名称。因此需要通过学生 ID 在学生表中查询出学生姓名，代码如下所示。

```
(SELECT `studentName` FROM `student` WHERE `result`.'studentNo'='student'.'studentNo') AS 学生姓名;
```

需要通过课程编号在课程表中查询出课程名称并输出，代码如下所示。

```
(SELECT `subjectName` FROM `subject` WHERE `result`.`subjectNo`=`subject`.`subjectNo`) AS 课程名称;
```

注意以上代码中的 WHERE 条件，这里使用 "." 操作来引用表中的某个字段值。下面采用 SELECT 语句的 SELECT 子句嵌套子查询来实现完整需求。

解决示例 9 问题的 SQL 语句如下所示。

关键代码：

```
#查询学生姓名并输出
SELECT (SELECT `studentName` FROM `student` WHERE `result`. `studentNo`=`student`. `studentNo`) AS 学生姓名,
```

```
#查询课程名称并输出
(SELECT `subjectName` FROM `subject` WHERE `result`.`subjectNo`=
`subject`.`subjectNo`) AS 课程名称,
`result`.`examDate` AS 考试时间,
`studentResult` AS 考试成绩
FROM `result`
#查询获得 Logic Java 课程编号
WHERE `subjectNo`=(SELECT `subjectNo` FROM `subject` WHERE
`subjectName`='Logic Java') and
#查询获得最近一次考试时间
`examDate` = (SELECT MAX(`examDate`) FROM `result`
WHERE `subjectNo`= ( SELECT `subjectNo` FROM `subject` WHERE
`subjectName`='Logic Java' ));
```

上述 SQL 语句的运行结果如图 4.13 所示。

图4.13　查询参加"Logic Java"课程最近一次考试的相关信息

3. 嵌套在 SELECT 语句的 FROM 子句中的子查询

嵌套在 SELECT 语句的 FROM 子句中的子查询语法格式如下。

```
SELECT * FROM ( 子查询 ) AS 表的别名;
```

 注意

当子查询嵌套在 FROM 子句中时，必须为表指定别名，一般返回多行多列数据记录，可以当作一张临时表。

【示例 10】

输出年级 ID 为 1 的所有女生信息。

关键代码：

```
SELECT * FROM (SELECT * FROM student WHERE sex='女' and gradeId='1') AS
temp;
```

以上代码中使用 AS 关键字指定表别名为 temp，如果忘记指定表别名，就会出现错误。例如如下错误代码：

```
SELECT * FROM (SELECT * FROM result) ;
```

其运行结果如图 4.14 所示。

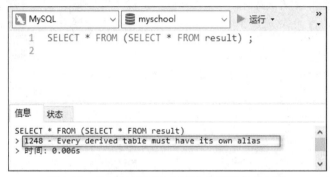

图4.14　FROM子查询忘记指定表别名会报错

因此应该为 FROM 子查询的结果集指定别名。正确代码如下 ：

```
SELECT * FROM (SELECT * FROM result) AS Temp;
```

4. 关于子查询的输出列的说明

只出现在子查询中而没有出现在父查询中的表不能包含在输出列中。

多层嵌套子查询的最终数据集只包含父查询（即最外层的查询）的 SELECT 子句中出现的字段，而子查询的输出结果通常会作为其外层子查询数据源或作为数据判断条件。

上机练习 5　统计某门课程考试信息

（1）统计"Logic Java"课程最近一次考试学生应到人数、实到人数和缺考人数。

（2）提取"Logic Java"课程最近一次考试成绩前三名的学生信息并保存结果。学生信息包括学生姓名、学号、成绩。

> **提示**
>
> （1）使用子查询统计考试情况，包括应到人数、实到人数和缺考人数。
> （2）将查询后的结果保存到表 tempResult 中。

参考解决方案如下。

（1）查询获得"Logic Java"课程的课程编号和最近一次的考试日期。

```
#查询课程编号
SELECT `subjectNo` FROM `subject` WHERE `subjectName`='Logic Java';
```

```
#查询最近一次的考试日期
SELECT MAX(`examDate`) FROM `result` WHERE `subjectNo`= (
SELECT `subjectNo` FROM `subject` WHERE `subjectName`='Logic Java' );
```

（2）查询获得"Logic Java"课程所在的年级编号。

```
SELECT `gradeId` FROM `subject` WHERE `subjectName`= 'Logic Java';
```

（3）使用子查询统计缺考情况。

① 应到人数：

```
SELECT count(*) FROM `student`
WHERE `gradeId` = ( 省略代码) ;# 条件： 年级编号为"Logic Java"课程所在年
级编号
```

② 实到人数：

```
SELECT count(*) FROM `result`
WHERE `subjectNo`= ( 省略代码)  # 条件："Logic Java"课程的课程编号
AND `examDate` = ( 省略代码);   # 条件：日期为"Logic Java"最近一次考试日期
```

③ 缺考人数：应到人数-实到人数。

（4）提取成绩前三名的学生信息并保存结果，包括学生姓名、学号和考试成绩。

① 提取的成绩信息包含两个表的数据，所以考虑使用 SELECT 子句的子查询。
提取成绩前三名使用 ORDER BY 和 LIMIT 子句。

```
SELECT (SELECT `student`.`studentName` FROM `student` WHERE
`student`.`studentNo`=`result`.`studentNo`) AS 学生姓名,`result`.
`studentNo` AS 学号,`studentResult` AS 考试成绩
FROM `result`
WHERE `examDate`=(省略代码) AND `subjectNo` = (省略代码)
ORDER BY `studentResult` DESC
LIMIT 3;
```

② 将查询后的结果保存到 tempResult 表中。

```
DROP TABLE IF EXISTS `tempResult`;
CREATE TABLE `tempResult`(
#省略代码第①步查询结果
);
```

本章小结

本章学习了以下知识点。

1．可以通过子查询将一个查询嵌套在另一个查询中。

2．比较运算符后面的子查询只能返回单个数值。

3．IN 子查询后面可返回多条记录，用于检测某字段的值是否存在于某个范围内。

4．通过在子查询中使用 EXISTS 子句，可以对子查询中的行是否存在进行检查。

5．子查询可以嵌套在 SQL 语句中任何表达式出现的位置。

本章练习

1．举例说明 IN 与 EXISTS 关键字在子查询中应用的场景。

2．使用子查询获得当前没有被读者借阅的图书信息。要求：输出图书名称、图书编号、作者姓名、出版社和单价。

3．使用子查询获得 2021 年的所有缴纳罚款的读者清单，要求输出的数据包括读者编号、读者姓名、图书名称、罚款日期和缴纳罚金等。

4．使用子查询获得地址为空的所有读者尚未归还的图书清单。要求：按读者编号从高到低、借书日期由近至远的顺序输出读者编号、读者姓名、图书名称、借书日期和应归还日期。

5．查询没有借阅信息的读者编号和读者姓名。要求：使用 NOT EXISTS 子查询。

说明

本章练习的第 2～5 题要使用第 2 章练习中创建的图书馆管理系统数据库。

第 5 章

高级查询（二）

❖ 会使用 GROUP BY 子句进行分组查询。
❖ 会使用 HAVING 子句进行分组筛选。
❖ 会进行多表连接查询。
❖ 会使用 UNION 联合查询结果。
❖ 会使用 SQL 语句进行
   综合查询。

❖ 使用子查询制作学生成绩单。
❖ 使用连接查询获得学生考试信息。
❖ 使用 UNION 完成两校区数据统计。
❖ SQL 语句的综合应用。

5.1 任务 1：使用子查询制作学生成绩单

任务目标

❖ 了解分组查询的应用场景。

❖ 会使用 GROUP BY 进行分组查询。

❖ 会使用 HAVING 子句对分组结果进行条件筛选。

5.1.1 使用 GROUP BY 进行分组查询

在实际应用中，常常需要对数据进行分组查询。例如，学生成绩表中存储了学生各课程的考试成绩，有时需要统计不同课程的平均成绩，那就需要对成绩表中的记录按照课程来分组，然后针对每组计算平均成绩。

分组查询

这种应用很普遍。例如，一个电商平台销售洗衣机、冰箱、电视等，月末需要分类统计洗衣机销售总数、冰箱销售总数、电视销售总数。这时就需要先分类，将冰箱、洗衣机、电视分成 3 组，然后每组分别进行汇总和统计，这实际上就是分组查询的实际应用。分组后的统计要利用前面学习过的聚合函数，如 SUM()、AVG()等。我们来看一个具体的示例。

【示例 1】

假设学生成绩表中有如图 5.1 所示的数据。查询不同课程的平均成绩。

studentNo	subjectNo	examDate	studentResult
10000	1	2019-02-17 00:00:00	71
10000	2	2019-03-06 00:00:00	60
10001	1	2019-02-17 00:00:00	46
10002	1	2019-02-17 00:00:00	83
10002	2	2019-03-06 00:00:00	78
10004	1	2019-02-17 00:00:00	60
10004	2	2019-03-06 00:00:00	51
10005	1	2019-02-17 00:00:00	95
10006	1	2019-02-17 00:00:00	93
10007	1	2019-02-17 00:00:00	23
10007	3	2019-07-04 16:14:15	90
20000	3	2019-07-04 23:48:34	78

图5.1 学生成绩表中的数据

从图 5.1 中的数据可以看出，该成绩表记录了学生 3 门课程的成绩，课程编号（subjectNo）分别是 1、2、3。此时要统计不同课程的平均成绩，首先把相同的 subjectNo 都分为一组，这样就将数据分成了 3 组，如图 5.2 所示；然后针对每组数据使用前面的聚合函数取平均值，这样就得到了每门课程的平均成绩。

图5.2　在分组的基础上分别统计

在编写 SQL 语句之前，先想想我们想要的输出结果是什么。我们想要的输出结果首先应该是不同的课程，其次是每门课程的平均成绩。那么，我们还能够在查询中输出显示这张表中学生学号的信息吗？答案显然是不行了。很明显，学生的学号与课程再也不是一对一的关系了，因为课程已经被"分组"了，分组后的组数减少为 3 组，而学生没有被"分组"，依然保持原来的个数，如图 5.2 所示。

以上这种类型的查询，在 MySQL 中叫作分组查询。分组查询采用 GROUP BY 子句来实现。实现分组查询的 SQL 语句如下。

关键代码：

```
SELECT `subjectNo`, AVG(`studentResult`) AS '平均成绩'
FROM `result`
GROUP BY `subjectNo`;
```

分组查询的输出结果如图 5.3 所示。

图5.3　分组查询的输出结果

下面再来看几个分组的例子。

【示例 2】

查询男、女学生的人数各是多少。

分析如下。

首先按照性别列进行分组：GROUP BY sex；其次对每组的总人数进行统计，用到聚合函数 COUNT()。

关键代码：

```
SELECT COUNT(*) AS '人数', `sex` AS `性别` FROM `student` GROUP BY `sex`;
```

查询结果如图 5.4 所示。

图5.4　查询男、女学生的人数

【示例3】

查询每个年级的总人数。

分析如下。

思路同前面一样，按照年级进行分组即可。

关键代码：

```
SELECT COUNT(*) AS '年级人数', `gradeId` AS '年级编号' FROM `student` GROUP
BY `gradeId`;
```

查询结果如图 5.5 所示。

图5.5　查询每个年级的总人数

【示例4】

查询每门课程的平均成绩，并且按照由高到低的顺序排列显示。

分析如下。

思路同前面的一样,按照课程进行分组。分数由高到低进行排序,需要用到 ORDER BY 子句,问题是这个 ORDER BY 子句放在哪个位置？是在 GROUP BY 子句之前还是之后？仔细想一下，进行排序时，应该是对分组后的平均成绩进行排序，因此应该放在 GROUP BY 子句之后。

关键代码：

```
SELECT `subjectNo`, AVG(`studentResult`) AS '平均成绩'
FROM `result` GROUP BY `subjectNo`
ORDER BY AVG(`studentResult`) DESC;
```

查询结果如图 5.6 所示。

subjectNo	平均成绩
3	84.0000
1	67.2857
2	63.0000

图5.6　查询每门课程的平均成绩并排序

5.1.2　多列分组查询

前面讲解的示例中，都是按照数据表中的某一个列来进行分组，如性别、年级、课程。除此之外，分组查询有时候可能还要按照多列进行分组。下面看一个具体示例。

【示例 5】

学生信息表 student 中记录了每个学生的信息，包括所属年级和性别等。如图 5.7 所示是表中的部分学生记录。要求统计每个年级的男、女学生人数。

studentNo	loginPwd	studentName	sex	gradeId	phone		address	birthday
10000	123	郭靖	男	1	1364	83	天津市河西区	1990-09-08 00:00:00
10001	123	李文才	男	1	1364	90	地址不详	1994-04-12 00:00:00
10002	123	李斯文	男	1	1364	93	河南洛阳	1993-07-03 00:00:00
10003	123	张萍	女	1	1368	91	地址不详	1995-06-10 00:00:00
10004	123	薛秋洁	女	1	1381	66	北京市海淀区	1995-07-15 00:00:00
10005	123	张秋丽	女	1	1356	46	北京市东城区	1994-01-17 00:00:00
10006	123	肖梅	女	1	1356	21	河北省石家庄市	1991-02-17 00:00:00
10007	123	秦洋	男	1	1305	11	上海市卢湾区	1992-04-18 00:00:00
20000	000	王宝宝	男	2	1507	23	西直门东大街215号	1996-06-05 00:00:00

图5.7　学生信息表中的部分学生记录

分析如下。

理论上先把每个年级分开，再针对每个年级分别统计男、女学生人数，也就是需要按照所属年级和性别两列进行分组。SQL 语句如下。

关键代码：

```
SELECT COUNT(*) AS '人数' ,`gradeId` AS '年级' ,`sex` AS '性别'
FROM `student` GROUP BY `gradeId` ,`sex`
ORDER BY `gradeId`;
```

查询结果如图 5.8 所示。

人数	年级	性别
4	1	女
4	1	男
1	2	女
1	2	男
1	3	女
1	3	男

图5.8　分组查询后的每个年级男、女学生人数

不难理解，使用 GROUP BY 关键字时，在 SELECT 后面可以指定的列是有限制的，仅允许以下几项。

（1）GROUP BY 子句后的列。

（2）聚合函数可以计算的列。

被分组的列为每个分组返回一个值的表达式，如聚合函数可以计算的列。

5.1.3 使用 HAVING 子句进行分组筛选

通过前面的学习，我们已经基本了解了分组查询的意义和原理，下面再来分析以下几个查询需求。

【示例 6】

查询年级总人数超过 2 个人的年级。

分析如下。

首先可以通过分组查询获取每个年级的总人数，对应的 SQL 语句如下。

```
SELECT COUNT(*) AS '人数' ,`gradeId` AS '年级' FROM `student` GROUP BY
`gradeId`;
```

查询结果如图 5.9 所示。

图5.9 每个年级总人数

但是需求中还有一个条件，即人数超过 2 个人的年级。这涉及分组统计后的条件限制，限制条件为 COUNT(*)>2。这时使用 WHERE 子句是不能满足查询要求的，因为 WHERE 子句只能对没有分组的数据进行筛选，对分组后的条件的筛选必须使用 HAVING 子句。简单地说，HAVING 子句用来对分组后的数据进行筛选，将"组"看作"列"来限定条件。实现以上需求的 SQL 语句如下。

关键代码：

```
SELECT COUNT(*) AS '人数' ,`gradeId` AS '年级'
FROM `student` GROUP BY `gradeId`
HAVING COUNT(*)>2;
```

查询结果如图 5.10 所示。

图5.10 总人数超过2的年级

通过以上代码可以看出，HAVING 子句对筛选后的数据 COUNT(*)进行判断，对于总数大于 2 的年级人数进行输出显示。

【示例 7】

查询平均成绩及格的课程信息。

分析如下。

在查询每个课程平均成绩的基础上，增加了一个条件，即平均成绩及格的课程。这样按照课程进行分组后，使用"AVG(`studentResult`)>=60"控制及格条件即可。SQL

语句如下。

关键代码：

```
SELECT `subjectNo` AS '课程编号' , AVG(`studentResult`) AS '平均成绩'
FROM `result`
GROUP BY `subjectNo`
HAVING AVG(`studentResult`)>=60;
```

查询结果如图 5.11 所示。

课程编号	平均成绩
1	67.2857
2	63.0000
3	84.0000

图5.11　查询平均成绩及格的课程信息

上面的示例中，通过 HAVING 子句对分组的数据进行条件限定。事实上，HAVING 子句和 WHERE 子句可以在同一个 SELECT 语句中一起使用，WHERE、GROUP BY 和 HAVING 的使用次序如图 5.12 所示。

图5.12　WHERE、GROUP BY和HAVING的使用次序

下面看一个具体的示例。

【示例 8】

查询每门课程及格总人数和及格学生的平均成绩。

分析如下。

通过需求我们了解到所查询的信息都是对及格成绩进行统计，这样就要首先从数据源中将不及格的学生信息滤除，然后对符合及格要求的数据进行分组处理。完整的 SQL 语句如下。

关键代码：

```
SELECT COUNT(*) AS '人数' ,AVG(`studentResult`) AS '平均成绩' ,
`subjectNo` AS '课程编号' FROM `result`
WHERE `studentResult`>=60
GROUP BY `subjectNo`;
```

查询结果如图 5.13 所示。

人数	平均成绩	课程编号
5	80.4000	1
2	69.0000	2
2	84.0000	3

图5.13　及格总人数和及格学生平均成绩

【示例 9】

查询每门课程及格总人数和及格平均成绩在 80 分以上的记录。

分析如下。

示例 9 查询需求与示例 8 一致，只是加了一个对分组后数据进行筛选的条件，即及格平均成绩在 80 分以上，因此需要增加 HAVING 子句。完整的 SQL 语句如下。

关键代码：

```
SELECT COUNT(*) AS '人数' ,AVG(`studentResult`) AS '平均成绩' ,
`subjectNo` AS '课程编号'
    FROM `result`
    WHERE `studentResult`>=60
    GROUP BY `subjectNo`
    HAVING AVG(`studentResult`)>=80;
```

查询结果如图 5.14 所示。

人数	平均成绩	课程编号
5	80.4000	1
2	84.0000	3

图5.14　及格总人数和及格平均成绩在80分以上的记录

【示例 10】

在按照部门分类的员工表中，查询"有两个及以上员工的工资不低于 2000 元的部门编号"。员工信息表（employee）如表 5-1 所示。

表 5-1　员工信息表（employee）

字段名称	说明
deptId	部门编号
employeeId	员工编号
salary	工资

分析如下。

利用 WHERE 子句首先滤除工资低于 2000 元的记录，然后按照部门进行分组，最后对分组后的记录进行条件限定。完整的 SQL 语句如下。

关键代码：

```
SELECT `deptId` , COUNT(*) FROM `employee`
WHERE `salary` >= 2000
GROUP BY `deptId`
HAVING COUNT(*) > 1;
```

上机练习 1　使用分组查询学生相关信息

（1）查询每个年级的总学时数，并按照升序排列。

（2）查询每个参加考试的学生的平均成绩。

（3）查询每门课程的平均成绩，并按照降序排列。

（4）查询每个学生参加的所有考试的总成绩，并按照降序排列。

上机练习 2　限定条件的分组查询

（1）查询每个年级学时数超过 50 的课程数。

（2）查询每个年级学生的平均年龄。

（3）查询北京地区的每个年级的学生人数。

（4）查询参加考试的学生中平均成绩及格的学生记录，并按照成绩降序排列。

（5）查询考试日期为 2019 年 2 月 17 日的课程的及格平均成绩。

（6）查询至少一次考试不及格的学生学号、不及格次数。

上机练习 3　制作学生成绩单

（1）为每个学生制作在校期间各门课程的成绩单，要求每个学生参加每门课程的最近一次考试成绩作为该学生本课程的最终成绩，输出各门课程的成绩，并按照年级顺序和姓名进行排序。

（2）成绩单包括以下几个方面。

- 姓名。
- 课程所属年级。
- 课程名称。
- 考试日期。
- 成绩。

执行结果如图 5.15 所示。

姓名	课程所属年级	课程名称	考试日期	成绩
郭靖	S1	Logic Java	2019-02-17 00:00:00	71
郭靖	S1	HTML	2019-03-06 00:00:00	60
李文才	S1	Logic Java	2019-02-17 00:00:00	46
李斯文	S1	Logic Java	2019-02-17 00:00:00	83
李斯文	S1	HTML	2019-03-06 00:00:00	78
韩秋洁	S1	Logic Java	2019-02-17 00:00:00	60
韩秋洁	S1	HTML	2019-03-06 00:00:00	51
张秋丽	S1	Logic Java	2019-02-17 00:00:00	95
肖梅	S1	Logic Java	2019-02-17 00:00:00	93
秦洋	S1	Logic Java	2019-02-17 00:00:00	23
王宝宝	S2	Java OOP	2019-07-04 23:48:34	78

图5.15　制作学生成绩单

提示

（1）使用分组查询获得各门课程最近一次考试的日期。

（2）使用子查询获得相关学生姓名、课程所属年级、课程名称、考试日期和成绩。

参考解决方案如下。

（1）使用分组查询获得各门课程最近一次考试的日期。需要按照课程分组，使用 GROUP BY 子句。SQL 语句如下。

```
SELECT MAX(`examDate`),`subjectNo` FROM `result` GROUP BY `result`.
`subjectNo`;
```

（2）使用子查询获得相关信息。输出信息的数据来源于学生表、课程表、成绩表和年级表，因此需要使用 SELECT 查询的 SELECT 子句的子查询来实现。

```
SELECT (SELECT `studentName` FROM `student` WHERE `result`.
`studentNo`=`student`.`studentNo`) AS 姓名，  #子查询获得姓名，来源于学生表
   ( SELECT (SELECT 'gradeName' FROM grade WHERE 'subject'.`gradeId`=
`grade`.`gradeId`) FROM`subject`WHERE`result`.`subjectNo`=`subject`.
`subjectNo`) AS 课程所属年级，#两层嵌套子查询获得年级名
   (SELECT `subjectName` FROM subject WHERE `result`.`subjectNo`=
`subject`.`subjectNo`) AS 课程名称，  #子查询获得课程名称
   `examDate` AS 考试日期，`studentResult` AS 成绩
FROM result WHERE `examDate` IN #省略代码
ORDER BY  #省略代码
```

（3）不同课程最近一次考试日期为多条记录，因此使用 IN 子查询。SQL 语句如下。

```
#省略代码
`examDate` IN (SELECT MAX(`examDate`) FROM `result` GROUP BY `subjectNo`)
```

（4）输出结果要求按照年级顺序和姓名排序，因此 ORDER BY 子句需要嵌套子查询实现。

SQL 语句如下。

```
#省略代码
ORDER BY (SELECT `gradeId` FROM `subject` WHERE `result`.
`subjectNo`=`subject`.`subjectNo`), studentNo;
```

思考

实现对同一个数据的查询功能有多种方法，每次编码调试执行成功后，思考是否有更好的解决方法。

5.2 任务 2：使用连接查询获得学生考试信息

任务目标

❖ 了解连接查询的应用场景及分类。

❖ 掌握常用的连接查询方法。

前面章节讲述了子查询的使用，复杂的子查询往往嵌套多层，而且数据来源于多个数据表。对于涉及多个表的数据查询，除了通过子查询实现，是否还有别的实现方法呢？答案当然是肯定的，可以使用多表连接查询。

5.2.1　多表连接查询的分类

多表连接查询

在前面介绍的学生成绩查询示例中，通过成绩表可以获取学生的编号信息，因为该表中只存储了学生的编号，所以要输出学生姓名，就要借助学生表来实现。像这种需要从多个表中选择或者比较数据项的情况，就可以使用多表连接查询。

多表连接查询实际上是通过各个表之间共同列的关联性来查询数据的，它是关系数据库查询最主要的特征。

以下是几种常用的连接查询方式：内连接查询、外连接查询。

（1）内连接查询。内连接查询是最典型、最常用的连接查询，它根据表中共同的列进行匹配，特别是两个表存在主外键关系时通常会使用内连接查询。

（2）外连接查询。外连接查询至少返回一个表中的所有记录，根据匹配条件有选择性地返回另一个表的记录。外连接分为左外连接、右外连接。

下面一一介绍这几种连接查询的具体含义和用法。

5.2.2　内连接查询

内连接查询通常会使用"="或"<>"等比较运算符来判断两列数据值是否相等，上面所说的根据学生学号来判断学生姓名的连接就是一种内连接。

内连接使用 INNER JOIN…ON 关键字或 WHERE 子句来进行表之间的关联。下面看一个具体示例。

【示例 11】

查询学生姓名和成绩。

内连接查询可以通过如下两种方式实现。

（1）在 WHERE 子句中指定连接条件。

SQL 语句如下。

关键代码：

```
SELECT `student`.`studentName`,`result`.`subjectNo`,`result`.`studentResult`
FROM `student`,`result`
WHERE `student`.`studentNo` = `result`.`studentNo`;
```

上面这种形式的查询相当于 FROM 后面紧跟了两个表名，在字段列表中用"表名.列名"来区分列，再在 WHERE 条件子句中加以判断，要求学生学号信息相等。

（2）在 FROM 子句中使用 INNER JOIN…ON。

上面的查询也可以通过以下的 INNER JOIN…ON 子句来实现。

关键代码：

```
SELECT S.`studentName`,R.`subjectNo`,R.`studentResult`
FROM `student` AS S
```

Chapter 5

```
INNER JOIN `result` AS R ON (S.`studentNo` = R.`studentNo`);
```

在上面的内连接查询中：INNER JOIN 用来连接两个表；INNER 可以省略；ON 用来设置条件；AS 指定表的"别名"，如果查询的列名在用到的两个或多个表中不重复，则对这一列的引用不必用表名来限定。

查询结果如图 5.16 所示。

studentName	subjectNo	studentResult
郭靖	1	71
郭靖	2	60
李文才	1	46
李斯文	1	83
李斯文	2	78
韩秋洁	1	60
韩秋洁	2	51
张秋丽	1	95
肖梅	1	93
秦洋	1	23
秦洋	3	90
王宝宝	3	78

图5.16　两表连接查询结果

再看示例 12。

【示例 12】

查询课程编号为 1 的及格学生的姓名和成绩。

分析如下。

使用 INNER JOIN 内连接查询获得所有学生姓名和成绩；然后按照条件通过 WHERE 子句进行筛选。

关键代码：

```
SELECT S.`studentName`, R.`subjectNo`, R.`studentResult`
FROM `student` AS S
INNER JOIN `result` AS R ON (S.`studentNo` = R.`studentNo`)
WHERE R.`studentResult`>=60 AND R.`subjectNo`=1;
```

这里，WHERE 子句用来限定查询条件。查询结果如图 5.17 所示。

studentName	subjectNo	studentResult
郭靖	1	71
李斯文	1	83
韩秋洁	1	60
张秋丽	1	95
肖梅	1	93

图5.17　课程编号为1的及格学生的姓名和成绩

内连接查询通常不仅仅连接两个表，有时候还会涉及 3 个表或更多表。

【示例 13】

查询学生姓名和成绩。要求输出列包括：学生姓名、课程名称和成绩。

分析如下。

输出的信息来源于 3 个不同的数据表：学生信息表、课程表和学生成绩表，首先需要通过学生信息表获取学生姓名，此后通过课程编号来显示课程表中对应的课程名称，并通过学生编号来显示学生成绩表中对应的成绩。因此可以使用以下三表连接查询的 SQL 语句来实现。

关键代码：

```
    SELECT S.`studentName` AS `学生姓名` ,SU.`subjectName` AS '课程名称' ,
R.`studentResult` AS '成绩'
    FROM `student` AS S
    INNER JOIN `subject` AS SU ON (SU.`subjectNo` = R.`subjectNo`)
    INNER JOIN `result` AS R ON (S.`studentNo` = R.`studentNo`);
```

执行以上 SQL 语句，查询结果如图 5.18 所示。

学生姓名	课程名称	成绩
郭靖	Logic Java	71
郭靖	HTML	60
李文才	Logic Java	46
李斯文	Logic Java	83
李斯文	HTML	78
韩秋洁	Logic Java	60
韩秋洁	HTML	51
张秋丽	Logic Java	95
肖梅	Logic Java	93
秦洋	Logic Java	23
秦洋	Java OOP	90
王宝宝	Java OOP	78

图5.18　三表连接查询结果

上机练习 4　两表内连接查询信息

以下所有查询均可使用 INNER JOIN…ON 和 WHERE 两种方式完成。

（1）查询学生姓名、所属年级名称及联系电话。

（2）查询参加课程编号为 1 的考试的学生姓名、成绩、考试日期。

（3）查询学号为 10001 的学生的考试课程名称、成绩、考试日期。

（4）查询参加考试的学生学号、考试课程名称、成绩、考试日期。

上机练习 5　三表内连接查询信息

以下所有查询均可使用 INNER JOIN…ON 和 WHERE 两种方式完成。

（1）查询学生学号、姓名、考试课程名称及成绩。

（2）查询参加 Logic Java 考试的学生姓名、成绩、考试日期。

（3）将 SQL 语句保存为“三表内连接查询信息.sql”文件。

上机练习 6　使用内连接查询制作学生课程单

使用内连接查询重新实现本章上机练习 3 的需求。

提示

（1）使用分组查询获得各门课程最近一次考试的日期。

（2）使用内连接查询得到学生姓名、年级、考试课程名称、考试日期和成绩。数据来源于 4 个不同的表：学生表、课程表、年级表、考试日期和成绩。SQL 语句如下。

```sql
SELECT `studentName` AS 姓名,
       `gradeName` AS 年级 ,
       `subjectName` AS 考试课程名称,
       `examDate` AS 考试日期,
       `studentResult` AS 成绩
FROM `result` R
  INNER JOIN `student` ST ON R.`studentNo`=ST.`studentNo`
  INNER JOIN `subject` SU ON SU.`subjectNo`=R.`subjectNo`
  INNER JOIN `grade` G ON G.`gradeId`=SU.`gradeId`
WHERE `examDate' IN (
    #省略代码
)
ORDER BY G.`gradeId`,`studentName`;
```

注意

内连接查询会返回表关联后的所有字段，因此上机练习 6 中如果使用 "*" 取代限定的 5 个字段，运行时将会看到所有表的字段。例如，学生表和成绩表中都有 studentNo 字段，则输出的数据表中将会出现 "student" 和 "student(1)" 两列，同样 gradeId 也会出现两列。因此，ORDER BY 子句中必须明确指名 "G.`gradeId`"，否则就会出现字段模糊的错误提示 "1052 - Column `gradeId` in on clause is ambiguous"。

5.2.3　外连接查询

通过上面的例子可以看出，内连接查询的结果是从两个或两个以上表的组合中挑选出符合连接条件的数据，如果数据无法满足连接条件则将其忽略。在内连接查询中，参与连接的表的地位是平等的。

与内连接查询相对的方式称为外连接查询。在外连接查询中参与连接的表有主从之分，以主表的每行数据匹配从表的数据列，将符合连接条件的数据直接返回结果集中；对那些不符合连接条件的列，将被填上 NULL 值（空值）后再返回结果集中。

1. 左外连接查询

左外连接查询的结果集包括 LEFT JOIN 子句中指定的左表的所有行，而不仅仅是连接列所匹配的行。若左表的某行在右表中没有匹配行，则在相关联的结果集行中右表的所有选择列均为空值。

左外连接查询使用 LEFT JOIN…ON 或 LEFT OUTER JOIN…ON 关键字来进行表之间的关联。

【示例 14】

统计所有学生的考试情况，要求显示所有参加考试学生的每次考试分数，没有参加考试的学生也要显示出来。

分析如下。

根据需求，以学生信息表为主表（有时也称为左表）、学生成绩表为从表进行左外连接查询。查询的 SQL 语句如下。

关键代码：

```
SELECT S.`StudentName`, R.`subjectNo`,R.`studentResult`
FROM `student` AS S
LEFT OUTER JOIN 'result' AS R ON S.`StudentNo` = R.`StudentNo`;
```

其中，对学生信息表中的每一条记录跟成绩表的记录进行数据匹配（匹配条件为 S.`StudentNo` = R.`StudentNo`）。若匹配成功，则返回记录集（取 S.`StudentName`，R.`subjectNo`,R.`studentResult`的值）；若没有找到匹配的记录，则返回 NULL（空值）填充记录集。有一部分学生没有参加过任何课程的考试，所以成绩表中没有相关的考试记录，对应的课程编号和成绩以 NULL（空值）填充，查询结果如图 5.19 所示。

StudentName	subjectNo	studentResult
李文才	1	46
李斯文	1	83
李斯文	2	78
张萍	(Null)	(Null)
韩秋洁	1	60
韩秋洁	2	51
张秋丽	1	95
肖梅	1	93
秦洋	1	23
秦洋	3	90
王宝宝	3	78
何小华	(Null)	(Null)
陈志强	(Null)	(Null)
李磊磊	(Null)	(Null)

图5.19 左外连接查询

思考

如下 SQL 语句返回的结果是什么？

```
SELECT SU.`subjectName`,R.`studentNo`,R.`studentResult` FROM
`subject` AS SU
   LEFT OUTER JOIN `result` AS R ON SU.`subjectNo`=R.`subjectNo`;
```

2. 右外连接查询

右外连接查询与左外连接查询类似，只不过要包含右表中所有匹配的行。若右表中某项在左表中没有匹配项，则以 NULL（空值）填充。

右外连接查询使用 RIGHT JOIN…ON 或 RIGHT OUTER JOIN…ON 关键字来进行表之间的关联。

【示例 15】

在某数据库中，存在书籍表 Titles 和出版商表 Publishers，它们通过 Pub_id 进行外键关联。输出所有的出版商，及其所出版的书籍。

分析如下。

根据需求，以出版商表为右表与书籍表进行右外连接。

关键代码：

```
SELECT `Titles`.`Title_id`, `Titles`.`Title`, `Publishers`.`Pub_name`
FROM `Titles`
RIGHT OUTER JOIN `Publishers` ON `Titles`.`Pub_id` = `Publishers`.
`Pub_id`;
```

运行示例 15 的代码可以发现，没有书籍的出版商也会被列出来，查询结果如图 5.20 所示。

图5.20　右外连接查询

思考

在数据库 myschool 中，考虑到各表之间的关系，如下两条 SQL 语句返回的结果是否相同？

第一条语句如下。

```
SELECT SU.`subjectName`,R.`studentNo`,R.`studentResult` FROM
`subject` AS SU
   RIGHT OUTER JOIN `result` AS R ON SU.`subjectNo`=R.`subjectNo` ;
```

第二条语句如下。

```
SELECT SU.`subjectName`,R.`studentNo`,R.`studentResult` FROM
`subject` AS SU
    INNER JOIN `result` AS R ON SU.`subjectNo`=R. `subjectNo`;
```

上机练习 7　使用外连接查询信息

（1）查询所有课程的考试信息（某些课程可能还没有被考过）。

（2）查询从未考试的课程信息。

（3）查询所有年级对应的学生信息（某些年级可能还没有学生就读）。

（4）将 SQL 语句保存为"使用外连接查询信息.sql"文件。

提示

对于问题（2），可以根据问题（1）的思路，使用外连接。查询在成绩表中没有的课程考试记录信息，即增加了 WHERE 条件，条件如下。

```
WHERE … IS NULL AND … IS NULL
```

思考

根据数据库 myschool 各表之间的关系，以上查询需求使用左外连接、右外连接，还是二者都可以实现？如果都能够实现，请使用两种方法实现。

5.3 任务 3：使用 UNION 完成两校区数据统计

任务目标

❖　了解 UNION 的应用场景。

❖　掌握 UNION 的用法。

5.3.1　联合查询的应用场景

通过前面章节的学习，我们了解到通过 SELECT 语句查询会获得一个结果集。如果我们想查询多个 SELECT 语句，并将每条 SELECT 语句查询出的结果合并成一个结果集返回，就需要使用 UNION 关键字。例如，某公司总部下属多个实体企业，每个企业维护一套独立的人事系统，假设总部有对下属企业数据库的访问权限，总部希望查询上一年各企业新增员工的情况，就需要分别查询不同数据库的人员信息表，然后再将查询结果组合显示。再如，在一些大型项目中，数据经常分布在不同的数据表中，对于复杂业务往往需要将检索的数据组合显示。在这些应用中都需要使用到联合查询。

所谓联合查询，就是合并多个相似的 SELECT 查询的结果集。等同于将一个表追加到另一个表，从而实现将两个表的查询结果组合到一起的目的，使用关键字 UNION 或 UNION ALL 实现联合。下面来具体讲解 UNION 的使用方法。

5.3.2 使用 UNION 实现联合查询

要实现联合查询，需要使用 UNION 或 UNION ALL，它可以将两个或两个以上 SELECT 语句的查询结果集合并成一个结果集显示，即执行联合查询。具体的语法格式如下所示。

```
SELECT…
UNION [ALL | DISTINCT] SELECT…
[UNION [ALL | DISTINCT] SELECT…] ;
```

从上面的语法可看出，UNION 将多个 SELECT 语句的结果进行组合。ALL 选项表示将所有行合并到结果集合中，如图 5.21 所示。如果不指定该项，联合查询结果集中的重复行将只保留一行，即 UNION 默认指 UNION DISTINCT，如图 5.22 所示。

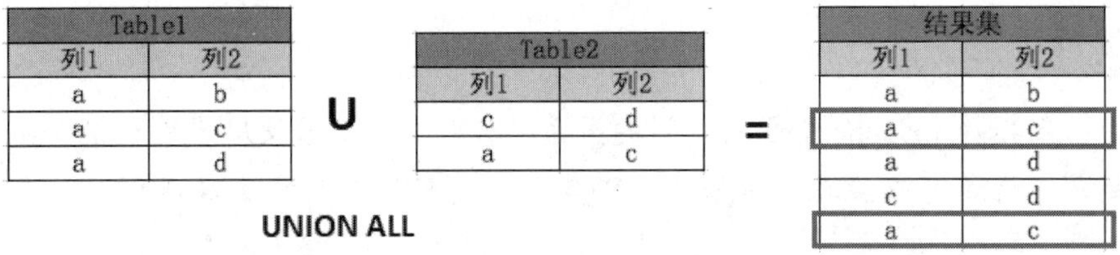

图5.21 UNION ALL合并所有行

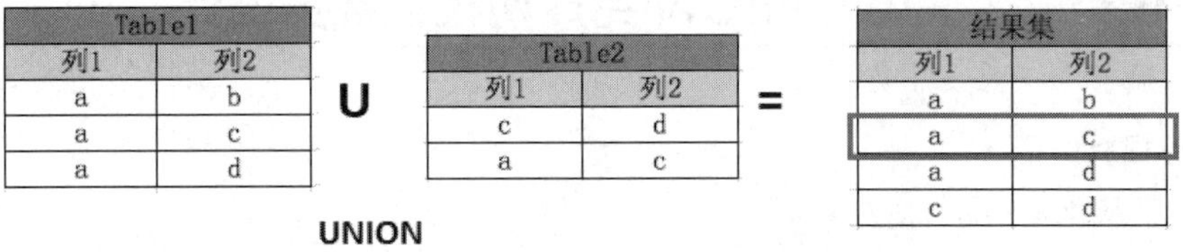

图5.22 UNION合并后去除重复行

在使用 UNION 进行联合查询时，可以从多个表中查询具有相似结构的数据，并返回到一个结果集中。UNION 查询返回的列名，以第一个 SELECT 语句的列名来命名。下面具体看一个示例。

【示例 16】

某公司有多家分公司，为了方便管理，不同分公司维护各自的销售数据。例如，华南区订单表（order_hn）的部分内容如图 5.23 所示，华东区订单表（order_hd）的部分内容如图 5.24 所示。年中时，需要汇总华南区和华东区的订单信息进行数据分析，请输出汇总后的数据，包括订单号、交易时间、交易额。

order_id	trade_time	status	transaction_amount
▶ HN10909891	2019-01-16 12:11:59	1	5000
HN10918938	2019-04-10 12:12:39	1	10000
HN29098891	2019-04-11 12:13:05	1	4080
HN10909808	2019-06-13 12:13:35	1	8000
HN10920922	2019-06-28 12:14:21	1	10000

图5.23　华南区订单表（order_hn）的部分内容

id	orderNo	trans_time	trans_amount	status
▶ 1	90899100	2019-03-13 12:15:05	10000	1
2	90899101	2019-03-28 12:15:51	20000	1
3	90899102	2019-04-03 12:16:12	1000	1
4	90899103	2019-05-16 12:16:29	20000	1
5	90899104	2019-05-29 12:16:49	15000	1
6	90899105	2019-06-21 12:17:09	18000	1

图5.24　华东区订单表（order_hd）的
部分内容

分析如下。

从图 5.23 和图 5.24 中可以看出，不同区域的订单表的字段并不相同，例如，order_hn 中，订单号为 order_id，而在 order_hd 中，订单号为 oderNo，两表中的其他字段也具有类似情况。但是考虑他们具有相似的结构，因此可以使用 UNION 执行联合查询。完整的 SQL 语句如下所示。

关键代码：

```
SELECT `order_id` AS '订单号', `trade_time` AS '交易时间', `transaction_amount` AS '交易金额'
    FROM `order_hn`
    UNION
SELECT `orderNo`, `trans_time`, `trans_amount` FROM `order_hd`;
```

运行以上代码，输出结果如图 5.25 所示。

订单号	交易时间	交易金额
▶ HN10909808	2019-06-13 12:13:35	8000
HN10909891	2019-01-16 12:11:59	5000
HN10918938	2019-04-10 12:12:39	10000
HN10920922	2019-06-28 12:14:21	10000
HN29098891	2019-04-11 12:13:05	4080
90899100	2019-03-13 12:15:05	10000
90899101	2019-03-28 12:15:51	20000
90899102	2019-04-03 12:16:12	1000
90899103	2019-05-16 12:16:29	20000
90899104	2019-05-29 12:16:49	15000
90899105	2019-06-21 12:17:09	18000

图5.25　华南区和华东区合并后的订单数据

当 UNION 检索遇到不一致的列名时，会使用第一条 SELECT 的查询列名称，或者使用别名来改变查询列名称。因此，在示例输出的结果集中，可以看到设定的标题信息"订单号""交易时间"和"交易金额"。

 注意

在执行联合查询时，应保证每个查询语句的选择列表中有相同数量的表达式，并且每个查询选择表达式应具有相同的数据类型，或是可以自动将它们转换为相同的数据类型。在自动转换时，对于数值类型，系统会将低精度的数据类型转换为高精度的数据类型。

5
Chapter

【示例 17】

使用示例 16 的订单表，查询 2019 年 4 月的订单数据，并按照交易时间升序排列。
分析如下。

在执行联合查询前需要对数据进行筛选，在执行联合查询后再对结果集进行
排序。

关键代码：

```
(SELECT `order_id` AS '订单号', `trade_time` AS '交易时间',
`transaction_amount` AS '交易金额'
    FROM `order_hn` WHERE YEAR(`trade_time`)='2019' AND MONTH(`trade_
time`)='4')
    UNION
    (SELECT `orderNo`, `trans_time`, `trans_amount` FROM `order_hd` WHERE
YEAR(`trans_time`)='2019' AND MONTH('trans_time')='5')
    ORDER BY '交易时间';
```

运行示例代码，运行结果如图 5.26 所示。

订单号	交易时间	交易金额
▶ 90899102	2019-04-03 12:16:12	1000
HN10918938	2019-04-10 12:12:39	10000
HN29098891	2019-04-11 12:13:05	4080

图5.26　对联合查询结果进行排序

UNION 联合查询只能对最终的结果集进行排序，因此，ORDER BY 必须出现在
最后一条 SELECT 语句之后。

 注意

在包括多个查询的 UNION 语句中，其执行顺序是自左向右的，通过使用括
号可以改变执行顺序。例如，"查询 1 UNION(查询 2 UNION 查询 3);"表示查询
2 和查询 3 执行联合查询后，再和查询 1 执行联合查询。

上机练习 8　完成两校区数据统计

学期结束，需要对两校区（本区和天津校区）学生数据进行汇总分析。

（1）查询两校区的学生信息列表。

（2）查询本区和天津校区 1 年级"Logic Java"课程考试中达到"优秀"的总人数
（"优秀"即分数≥80 分）。

 提示

（1）在 myschool 数据库中，使用教师提供的脚本创建天津校区的相关数据表。

（2）使用 UNION 合并查询两校区符合条件的学生考试信息。这里，为了后面方便做数据分析，可以在查询结果中增加一列"schoolZone"，用于区分数据来源，数据显示"本区"和"天津校区"。SQL 代码如下所示。

```
SELECT `studentNo`, R.`subjectNo`, SU.`subjectName`, `studentResult`,
'本区' AS `schoolZone` FROM `result` R INNER JOIN `subject` SU ON
SU.`subjectNo`=R.`subjectNo` WHERE SU.`subjectName`='Logic Java' AND
SU.`gradeId`=1
   UNION
   SELECT `studentNo`, R.`subjectNo`, SU.`subjectName`, `studentResult`,
'天津校区' AS `schoolZone` FROM `result_tj` R INNER JOIN `subject` SU ON
SU.`subjectNo`=R.`subjectNo` WHERE SU.`subjectName`='Logic Java' AND
SU.`gradeId`=1;
```

（3）使用 FROM 子句的子查询对联合查询结果按照条件进行筛选。运行结果如图 5.27 所示。SQL 代码如下所示。

```
SELECT `subjectName` AS '科目', COUNT(*) AS '优秀人数总和',
`schoolZone` AS '校区'
FROM (#省略联合查询结果
) AS `table_temp`
WHERE `studentResult`>=80
GROUP BY `schoolZone`;
```

科目	优秀人数总和	校区
Logic Java	5	天津校区
Logic Java	3	本区

图5.27　两校区优秀人数统计结果

5.4 任务 4：SQL 语句的综合应用

任务目标

❖ 掌握子查询。

❖ 会进行多表连接查询。

❖ 掌握联合查询。

某公司为方便管理租房信息，聘请某项目组开发名为"我的租房网"的管理软件。现在该项目组已经完成数据库设计工作，处于正式编码阶段。"我的租房网"的数据库 house 包括客户信息表（sys_user）、区县信息表（hos_district）、街道信息表（hos_street）、房屋类型表（hos_type）和出租房屋信息表（hos_house）5 个表，如表 5-2 至表 5-6 所示。

表 5-2　客户信息表（sys_user）

列名称	数据类型	说明
uid	INT	客户编号，主键，标识列从 1 开始，递增值为 1
uName	VARCHAR	客户姓名，该列必填
uPassword	VARCHAR	客户密码

表 5-3　区县信息表（hos_district）

列名称	数据类型	说明
did	INT	区县编号，主键，标识列从 1 开始，递增值为 1

表 5-4　街道信息表（hos_street）

列名称	数据类型	说明
sid	INT	街道编号，主键，标识列从 1 开始，递增值为 1
studentName	VARCHAR	街道名称，该列必填
did	INT	区县编号，该列必填，外键

表 5-5　房屋类型表（hos_type）

列名称	数据类型	说明
hTid	INT	房屋类型编号，主键，标识列从 1 开始，递增值为 1
htName	VARCHAR	房屋类型名称，该列必填

表 5-6　出租房屋信息表（hos_house）

列名称	数据类型	说明
hMid	INT	出租房屋编号，主键，标识列从 1 开始，递增值为 1
uid	INT	客户编号，该列必填，外键
sid	INT	街道编号，该列必填，外键
hTid	INT	房屋类型编号，该列必填，外键
price	DECIMAL	每月租金，该列必填，默认值为 0
topic	VARCHAR	标题，该列必填
contents	VARCHAR	描述，该列必填
hTime	TIMESTAMP	发布时间，该列必填，默认值为当前时间
copy	VARCHAR	备注

上机练习 9　查询出租房屋信息并分页显示

查询输出第 6～10 条出租房屋信息，运行结果如图 5.28 所示。

hMID	UID	SID	hTID	price	topic	contents	hTime	copy
6	3	1	2	2600.00	中关村	中关村电脑城	2019-04-01 00:00:00	中关村
7	4	4	1	2000.00	东四	东四一条街	2019-04-02 00:00:00	东四
8	5	6	3	3600.00	西四	西四一条街	2019-01-02 00:00:00	西四
9	5	7	3	3600.00	西单	西四购物城	2019-04-02 00:00:00	西单
10	6	2	2	2600.00	苏州街	苏州街美食	2019-02-02 00:00:00	苏州街

图5.28　输出第6～10条出租房屋信息

提示及关键代码。

（1）使用 LIMIT 子句实现分页查询，注意起始位置从 0 开始，第 6 条记录位置为 5。

（2）使用临时表保存查询结果，创建临时表的语法格式如下。

```
CREATE TEMPORARY TABLE 表名（查询语句）;
```

提示

　　临时表只在当前数据库连接可见，当连接关闭后，系统会自动删除临时表。不会占用数据库空间。修改临时表数据不会影响原表数据，因此，当希望验证某些修改表后的查询，又不想更改原表内容时，我们可以使用临时表备份原表数据，在临时表上做数据验证。

上机练习 10　查询指定客户发布的出租房屋信息

查询张三发布的所有出租房屋信息，并显示房屋分布的街道和区县，查询结果如图 5.29 所示。

区县	街道	户型	价格	标题	描述	时间	备注
海淀区	中关村	2	2600.00	中关村	中关村一条街	2019-01-02 00:00:00	中关村
海淀区	万泉庄	2	1500.00	万泉庄附近	万泉庄附近一条街	2019-07-02 00:00:00	万泉庄附近
东城区	东单	2	2700.00	东单	东单很多美食	2019-09-02 00:00:00	东单

图5.29　查询张三发布的所有出租房屋信息

提示

　　（1）结果数据来源于出租房屋信息表、客户信息表、区县信息表、街道信息表。

　　（2）使用连接查询和子查询两种方式关联多表数据实现。

上机练习 11　按区县制作房屋出租清单

根据户型和房屋所在区县和街道，为至少有两个街道有出租房屋的区县制作出租房屋清单，查询结果如图 5.30 所示。

户型	姓名	区县	街道
一室一厅	张三	海淀区	中关村
两室一卫	李四	海淀区	苏州街
两室一卫	王鑫	海淀区	万泉庄
一室一厅	张三	海淀区	万泉庄
一室一厅	张三	东城区	东单
一室一厅	王鑫	海淀区	中关村
一室一卫	张建	东城区	东四
两室一卫	李剑	西城区	西四
一室一厅	李剑	西城区	西单
一室一厅	蒋以然	海淀区	苏州街

图5.30　按区县制作房屋出租清单

> **提示**
>
> 使用 HAVING 子句筛选出街道数量大于 1 的区县。

上机练习 12　按季度统计 2019 年发布的出租房屋数量

（1）按季度统计出 2019 年各区县、街道、户型出租房屋数量。

（2）输出 2019 年的全部出租房屋数量、各区县出租房屋数量及各街道、户型出租房屋数量，查询结果如图 5.31 所示。

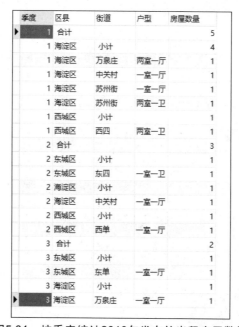

图5.31　按季度统计2019年发布的出租房屋数量

本章小结

本章学习了以下知识点。

1．子查询。

（1）分组查询。

（2）按照某个字段分组：GROUP BY+字段名称 1，字段名称 2，……，字段名称 *n*。

（3）HAVING　进行分组筛选：HAVING+表达式。

2．多表连接查询。

（1）左（外）连接：A LEFT JOIN B ON 表达式。

（2）右（外）连接：A RIGHT JOIN B ON 表达式。

（3）内连接：A INNER JOIN B ON 表达式。

3．UNION 组合查询。

本章练习

1．请说明表连接和子查询是否可以相互转换，以及各自的应用场景。

2．查询没有借阅信息的读者编号和读者姓名。要求：使用 NOT EXISTS 子查询。

3．查询所有到今天为止应还书但还未还书的读者姓名、所借书的书名和应归还日期。要求：使用 SELECT 子查询、FROM 子查询。

4．查询各种图书未借出的本数，显示书名和本数。要求：使用 SELECT 子查询、FROM 子查询。

5．从已完成借阅的记录（即图书归还日期不为空）中，统计显示每位读者的姓名及其借书次数。

6．查询总罚款金额大于 5 元的读者姓名和总罚款金额。

7．从已完成借阅的记录（即图书归还日期不为空）中，统计显示借阅次数排名在前 5 位的图书名称和借阅次数。

　说明

本章练习的第 2～7 题要使用第 2 章练习中创建的图书馆管理系统数据库。

第 6 章

存储过程

技能目标

❖ 理解存储过程的概念。

❖ 会创建、修改、删除、查看存储过程。

❖ 掌握存储过程的流程控制语句。

❖ 理解游标的概念并会使用
游标。

本章任务

❖ 掌握存储过程的基本概念。

❖ 创建存储过程统计课程合格率和优秀率。

❖ 创建存储过程将用户购物车中选购的商品生
成订单。

6.1　任务 1：掌握存储过程的基本概念

任务目标

❖　了解什么是存储过程。

❖　认识存储过程的优缺点及应用中的适用场景。

6.1.1　认识存储过程

在前面章节中，我们学习了使用 SQL 语句进行数据库的各种操作。在实际应用中，我们需要执行 SQL 语句来获取数据或完成某项数据库操作。在复杂的应用需求下，我们经常会遇到一些问题。例如，在网上书店应用中，不同出版社需要每月统计其书籍销售情况，并希望将销量数据存储在临时表中进行分析。要完成这项工作，基本的步骤如下。

（1）使用 DROP 删除已有临时表数据。

（2）设定出版社名称。

（3）根据出版社名称查询获取出版社编号。

（4）根据出版社编号查询当月销量数据，并使用查询结果创建新的临时表。

可以看出，每个步骤都需要执行一个 SQL 语句，要完成这个需求，需要执行多个 SQL 语句。另外，为了实现不同出版社都可以查询书籍销量的需求，需要动态设定出版社名称，而不是每次重新修改 SQL 代码中的出版社名称。考虑每月都要执行相同的操作来进行数据分析，为了更便捷地解决这类问题，可以使用 MySQL 的存储过程来实现。那么，什么是存储过程呢？

存储过程（Stored Procedure）可简称为过程（Procedure），是一组为了完成特定功能的 SQL 语句集合，经编译后存储在数据库中。用户通过指定存储过程的名称并给出参数（如果该存储过程带有参数）来执行它。存储过程是数据库中的一个重要对象。从 MySQL 5.0 版本开始支持存储过程，使数据库引擎更加灵活和强大。

因此，存储过程就是数据库 SQL 语言层面上的代码封装与重用，通过存储过程可解决网上书店的问题，具体的实现模式如图 6.1 所示。

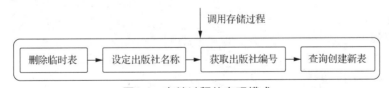

图6.1　存储过程的实现模式

通过图 6.1 可以看出，存储过程将一系列 SQL 语句组合起来，完成一个特定的工作，一旦存储过程编写完成，调用存储过程就变得非常简单。

6.1.2　MySQL 存储过程的优缺点

基于存储过程的特点，它在实际应用中的优势体现在以下方面。

（1）减少网络流量。存储过程一般存储在数据库服务器上，应用程序不需要发送多个 SQL 语句，而只需要发送存储过程的名称和参数，因此有助于减少应用程序和数据库服务器之间的网络流量，提升访问速度。

（2）提升执行速度。MySQL 中对于存储过程是按需编译的，并将编译好的存储过程放在缓存中，如果多次重复调用这个存储过程，则使用缓存中的编译版本。

（3）减少连接数据库的次数。对于比较复杂的数据操作（如需要对多个表进行查询、增加、删除、更新操作），如果通过前端应用程序来实现，需要很多条 SQL 语句，可能需要多次连接数据库，如果使用存储过程，只需要应用程序连接一次数据库即可。

（4）安全性高。数据库管理员可以对访问数据库存储过程的应用程序授予权限，而不提供基础数据表的访问权限，在某种程度上保证了数据库系统的安全性。安全级别比较高的应用，如银行系统多使用存储过程。

（5）高复用性。存储过程是封装的一个特定的功能块，对于任何应用程序都是可复用和透明的。因此，对于已有的存储过程，只要向应用程序提供调用接口，应用程序的开发人员就不必再重新编写已支持的功能。而数据库管理员可以随时对存储过程的实现源码进行调整，对应用程序本身没有任何影响。

当然，存储过程也有一些缺点。例如，可移植性差。考虑存储过程是绑定在特定数据库上的，因此如果需要更换其他厂商的数据库（如将 MySQL 数据库更换为 Oracle 数据库），已有的存储过程需要重新编写。

经验

在实际应用开发中，要根据业务需求决定是否使用存储过程。对于应用中特别复杂的数据处理，如复杂的报表统计，涉及多条件多表的联合查询等，可以选用存储过程来实现。

6.2　任务 2：创建存储过程统计课程合格率和优秀率

任务目标

❖　了解存储过程的创建语法。

❖　理解存储过程的参数。

❖　会查看存储过程定义和创建代码。

了解了什么是存储过程，下面我们来具体学习 MySQL 存储过程的基本操作。

6.2.1　创建和调用存储过程

存储过程

1.　创建存储过程

MySQL 中使用 CREATE PROCEDURE 创建存储过程。语法格式如下。

```
CREATE PROCEDURE 过程名 ([过程参数[,…]])
  [特性]
存储过程体
```

　说明

存储过程的创建语法格式中，[特性]部分为可选项，用来调整存储过程的行为。下面对一些常用的特性进行说明。

（1）LANGUAGE SQL：表示存储过程语言，默认为 SQL。

（2）{ CONTAINS SQL | NO SQL | READS SQL DATA | MODIFIES SQL DATA }：表示存储过程要做哪类工作，默认值为 CONTAINS SQL。

（3）SQL SECURITY {DEFINER | INVOKER}：用来指定存储过程是使用定义者的许可来执行，还是使用调用者的许可来执行，默认值是 DEFINER（定义者许可）。

COMMENT 'string'：存储过程的注释信息。

下面结合一个具体示例来学习存储过程的创建过程。

【示例 1】

编写存储过程，输出学生总人数。

关键代码：

```
DELIMITER //            #声明分隔符
CREATE PROCEDURE proc_student_countStu()
BEGIN                   #过程体开始
    SELECT COUNT(*) FROM student;
END //                  #过程体结束
DELIMITER ;             #恢复默认分隔符
```

以上代码创建的存储过程名称为"proc_student_countStu"，存储过程执行查询语句，获取学生表中的学生总人数。在存储过程的创建代码中，需要注意以下几点关键语法。

（1）声明语句分隔符

MySQL 中默认使用 ";" 作为分隔符，使用 DELIMITER 关键字可以改变分隔符。在创建存储过程之前，首先声明分隔符，具体代码如下所示。

```
DELIMITER $$ 或者 DELIMITER //
```

如果没有声明分隔符，那么编译器会把存储过程当成 SQL 语句进行处理，编译过程就会报错。因此要先用 DELIMITER 关键字声明当前段的分隔符，这样 MySQL 才不会将它当作普通 SQL 语句来执行。注意，最后要把分隔符还原。具体代码如下所示。

```
DELIMITER ;
```

（2）定义存储过程的参数

MySQL 中存储过程的参数用在存储过程的定义中。参数包括以下 3 种类型。

● IN：指输入参数。该参数的值必须在调用存储过程时指定。在存储过程中可以使用该参数，但它不能被返回。

● OUT：指输出参数。该参数可以在存储过程中发生改变并可以返回。

● INOUT：指输入/输出参数。该参数的值在调用存储过程时指定，在存储过程中可以被改变和返回。

定义参数的具体代码如下所示。

```
[IN | OUT | INOUT] 参数名 类型
```

如果需要定义多个参数，需要使用","进行分隔。在示例 1 代码中，没有定义参数。

（3）过程体的标识

在定义存储过程的过程体时，需要标识开始和结束。具体代码如下所示。

```
BEGIN … END
```

END 后面必须使用已设置的分隔符来结束，如示例 1 代码所示。

2. 调用存储过程

创建存储过程之后，如何进行调用呢？MySQL 中使用 CALL 关键字调用存储过程，语法非常简单，具体代码如下所示。

```
CALL 存储过程名();
```

 注意

存储过程调用类似于 Java 中的方法调用。圆括号中根据存储过程的定义包含相应的参数。

下面看具体示例。

【示例 2】

调用示例 1 创建的存储过程 proc_student_countStu。

关键代码：

```
CALL proc_student_countStu();
```

下面使用命令行窗口创建和调用示例中的存储过程，运行结果如图 6.2 所示。

图6.2　命令行创建和调用存储过程

比起执行单独的 SQL 语句，存储过程最大的优势是将一系列 SQL 语句集合起来，允许使用参数。这也让开发过程变得更加灵活。下面，我们使用另一种方法实现示例 1 中的需求。

【示例 3】

使用存储过程输出参数和学生总人数。

关键代码：

```
#创建存储过程
DELIMITER //
CREATE PROCEDURE proc_student_countStu2 (OUT stuNum INT)
BEGIN
SELECT COUNT(*) INTO stuNum FROM student;
END //
DELIMITER ;

#调用并输出学生信息
CALL proc_student_countStu2(@stuNum);
SELECT @stuNum;
```

运行示例代码，输出结果如图 6.3 所示。

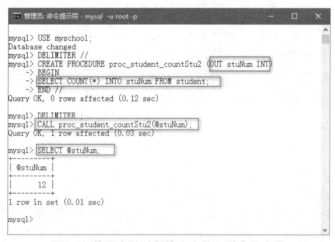

图6.3　使用存储过程输出参数和学生总人数

在示例 3 代码中，定义了输出参数 stuNum，数据类型为 INT。在查询语句中，使用 SELECT INTO 将查询获得的学生总人数放入输出参数。调用存储过程时，必须在过程名后面的圆括号中包含与定义过程相匹配数目的参数，如@stuNum。这里我们把@stuNum 称为用户变量。调用过程结束，就可以通过 SELECT 语句查看输出结果。

3. 存储过程中的变量

类似 Java 等其他编程语言，在 MySQL 中定义存储过程时可以使用变量。声明变量的语法如下所示。

```
DECLARE 变量名[,变量名…] 数据类型 [DEFAULT 值];
```

例如，声明交易时间变量 trade_time，并设置默认值为 2019-07-10。代码如下所示。

```
DECLARE trade_time date DEFAULT '2019-07-10';
```

 注意

> 在定义存储过程时，所有局部变量的声明一定要放在存储过程体的开始，否则会提示语法错误。

声明变量后，可以给变量进行赋值。语法格式如下所示。

SET 变量名 = 表达式/值 [,变量名=表达式…] ；

例如，设置变量 total 的值为 100。代码如下所示。

```
SET total=100;
```

在 MySQL 中，变量包括两种：用户自定义变量和系统变量。这里重点讲解用户自定义变量。

MySQL 用户自定义变量包括局部变量和会话变量。

局部变量一般用于 SQL 的语句块中，如存储过程中的 BEGIN 和 END 语句块。其作用域仅限于定义该变量的语句块内，生命周期也仅限于该存储过程的调用期间。在存储过程执行到 END 时，局部变量就会被释放。

会话变量是服务器为每个客户端连接维护的变量，跟 MySQL 客户端是绑定的，会话变量也称为用户变量。用户变量可以暂存值，并传递给同一连接中其他 SQL 语句进行使用。当 MySQL 客户端连接退出时，用户变量就会被释放。用户变量创建时一般以"@"开头，形式为"@变量名"。

【示例 4】

创建存储过程，通过用户输入的课程编号和学生姓名，动态查询该学生该门课程最近一次考试的成绩。

分析如下。

将课程编号和学生姓名作为输入参数，在调用存储过程时根据输入值动态变化。设置考试成绩为输出参数，允许调用者输出查看。实现该存储过程的代码如下所示。

关键代码：

```
#创建存储过程
DELIMITER //
CREATE PROCEDURE proc_result_GetResultByStuNameAndSubNo (IN stu_name
VARCHAR(50), IN sub_no INT,OUT stu_result INT)
BEGIN
  DECLARE exam_date Date;  #声明局部变量
  SELECT MAX(`examDate`) INTO exam_date FROM result WHERE `subjectNo`=
sub_no;
  SELECT exam_date;  #输出查询的最近一次考试时间
```

```
     SELECT `studentResult` INTO stu_result FROM `result` R INNER JOIN
`student` S ON S. `studentNo` = R.`studentNo` WHERE R.`subjectNo`=sub_no
AND S.`studentName`=stu_name AND `examDate` = exam_date;
    END //
    DELIMITER ;

    #设置用户变量@stuName 为'李文才'
    SET @stuName='李文才';
    #设置用户变量@subNo 为 1
    SET @subNo=1;
    #调用存储过程
    CALL proc_result_GetResultByStuNameAndSubNo(@stuName,@subNo,@result);
    #输出该学生相关课程的成绩查询结果
    SELECT @result;
```

在 MySQL 命令行窗口创建并调用存储过程，运行结果如图 6.4 所示。

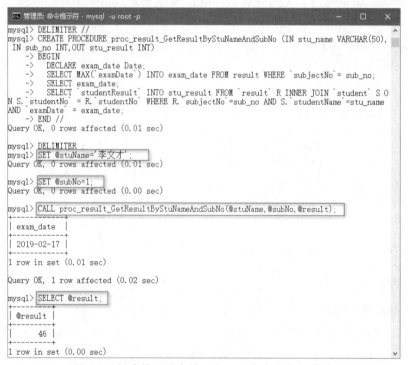

图6.4　创建并调用存储过程，动态查询学生成绩

在存储过程的过程体中，通过 DECLARE 关键字声明变量 exam_date。这里 exam_date 称为局部变量，它的作用范围在 BEGIN…END 过程体中。DECALRE 关键字通常用来声明局部变量。在 MySQL 客户端连接中，设置用户变量@subNo、@subName 和 @result，并作为参数进行存储过程调用。输入参数@subNo 和@subName，它们的值被传入存储过程，当存储过程执行完毕，用户变量@result 被赋值，通过 SELECT 语句可以查看用户变量的值。

> **⚠ 注意**
>
> 使用 SELECT INTO 语句可以一次给多个变量赋值。例如，
> ```
> SELECT `studentNo`,`studentName` INTO stu_no, stu_name FROM student
> WHERE studentNo='10001';
> ```

用户变量不仅可以在存储过程内和 MySQL 客户端中设置，还可以在不同存储过程间传递值。看下面示例。

【示例 5】

创建一个存储过程 proc1，设置用户变量并赋值为"王明"，创建另一个存储过程 proc2，输出已赋值的用户变量信息。

分析如下。

该示例演示会话变量在不同存储过程间传递。具体代码如下所示。

关键代码：

```
#创建存储过程 proc1
DELIMITER //
CREATE PROCEDURE `proc1`( )
BEGIN
  SET @name = '王明';
END //
DELIMITER ;

#创建存储过程 proc2
DELIMITER //
CREATE PROCEDURE `proc2`( )
BEGIN
  SELECT CONCAT('name:',@name);
END //
DELIMITER ;
```

在 MySQL 客户端连接中创建并运行以上存储过程，运行结果如图 6.5 所示。

由图 6.5 可知，调用存储过程 proc1 后，用户变量@name 被赋值为"王明"，在调用存储过程 proc2 时，通过 CONCAT 函数将字符串"name:"和用户变量@name 值进行连接，输出"name:王明"。用户变量@name 的生命周期在 MySQL 连接关闭后结束。

4. 使用 Navicat 工具创建存储过程

存储过程作为多条 SQL 语句的集合，在实际开发中有广泛的应用。如果能更便捷地编写和调试存储过程，将大大提升开发效率。Navicat 客户端工具提供了良好的开发环境，比 MySQL 命令行操作更加便捷。下面简单介绍使用 Navicat 工具创建和运行存储过程的基本步骤，演示过程以示例 4 为例。

图6.5 用户变量@name在两个存储过程间的传递

（1）创建存储过程

首先，右击 myschool 数据库下的"函数"节点，在弹出的快捷菜单中选择"新建函数"选项。在右侧区域会自动创建存储过程模板，如图 6.6 所示。

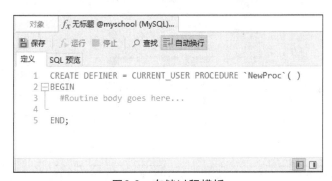

图6.6 存储过程模板

然后，在程序模板中完成存储过程的编写。因为 Navicat 客户端工具默认知道用户目前创建的是存储过程，因此在 Navicat 中编写存储过程时，不需要再使用 DELIMITER 来声明分隔符。

 注意

默认情况下，系统在新建函数时自动打开"函数向导"。向导帮助用户通过可视化界面输入存储过程名称、参数列表来完成存储过程模板的创建。用户可以通过"工具"→"选项"→"常规"，取消勾选"显示函数向导"复选框来关闭"函数向导"。

（2）运行存储过程

存储过程编写完毕后（见图 6.7），单击"保存"按钮，存储过程将自动保存在 myschool 数据库的"函数"节点下。

图6.7　编写存储过程

存储过程保存完毕后，单击图 6.7 中的"运行"按钮可调用存储过程。根据存储过程的定义，有两个输入参数，在弹出的对话框中输入设定的用户参数值，如图 6.8 所示。

图6.8　输入用户参数值

单击"确定"按钮，执行存储过程并输出结果。这里有两个输出值，分别显示在"结果 1"和"结果 2"选项卡中，如图 6.9 所示。

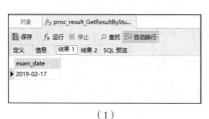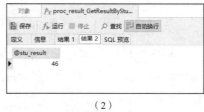

（1）　　　　　　　　　　　　　　　（2）

图6.9　输出查询的最近一次考试时间和学生成绩

Navicat 客户端工具提供了可视化的方式创建和执行存储过程，使存储过程的开发和管理变得更加轻松。

5. 设置用户权限

在图 6.6 中，创建的存储过程模板自动增加了 DEFINER 关键字，它作为一个可选项，用于规定对存储过程访问的安全控制。在 MySQL 中，通过 DEFINER 属性和 SQL SECURITY 特性来控制存储过程的执行权限。关键语法如下所示。

```
CREATE
    [DEFINER = { user | CURRENT_USER }]    #定义 DEFINER
PROCEDURE 存储过程名
    [SQL SECURITY { DEFINER | INVOKER } | …]    #特性
BEGIN
…
END
```

　　DEFINER 默认为当前用户，例如，图 6.7 示例中定义 DEFINER='root'@'localhost'
是指当前 root 用户。当然，如果创建者有 SUPER 权限，也可以指定 DEFINER 值为其
他用户。能否访问该存储过程取决于该用户是否有调用该存储过程的权限以及是否有
存储过程中 SQL 语句的 SELECT 的权限。

　　SQL SECURITY 特性可以指定 DEFINER 或 INVOKER，用以指定是在定义者
（DEFINER）或调用者（INVOKER）上下文中执行。如果定义省略 SQL SECURITY
特性，则默认值为 DEFINER 上下文。

　　DEFINER 和 INVOKER 决定了存储过程不同的执行方式。

　　在 DEFINER 上下文中执行的存储过程使用其 DEFINER 属性指定的账户的权限执
行。这些权限可能与调用者的权限完全不同。调用者必须具有引用对象的适当权限，
但在存储过程执行期间，调用者的权限将被忽略，只有 DEFINER 账户权限优先。如
果 DEFINER 账户具有很少的权限，则存储过程在其可执行的操作中相应地受到限制。
如果 DEFINER 账户具有高权限（例如 root 账户），则无论谁调用它，存储过程都可以
执行强大的操作。

　　在 INVOKER 上下文中执行的存储过程只能执行调用者具有特权的操作。在存储
过程执行期间，DEFINER 属性无效。

　　例如，

```
CREATE DEFINER = `admin`@`localhost` PROCEDURE p1()
SQL SECURITY DEFINER
BEGIN
  UPDATE t1 SET counter = counter + 1;
END;
```

　　对于存储过程 p1，任何对 p1 具有执行权限的用户都可以使用 CALL 进行调用。
当存储过程执行的时候，取决于`admin`@`localhost`的权限，这个账户必须有 p1 的执
行权限以及对表 t1 的 UPDATE 权限，否则存储过程执行失败。再如，

```
CREATE DEFINER = 'admin'@'localhost' PROCEDURE p2()
SQL SECURITY INVOKER
BEGIN
  UPDATE t1 SET counter = counter + 1;
END;
```

　　不同于 p1，p2 在 INVOKER 安全性上下文下执行，因此调用执行取决于调用者的
权限，如果调用者没有存储过程的执行权限或没有对数据表 t1 的 UPDATE 权限，则

存储过程调用失败。

上机练习 1　根据用户输入列出考试不及格的学生列表

创建存储过程，根据用户输入的年级编号和课程名称，列出该年级该门课程考试不及格的学生列表。要求：对于输入的课程名称通过模糊查询进行匹配。

上机练习 2　统计课程合格率和优秀率

创建存储过程，根据用户输入的课程名称，统计该门课程最近一次考试的合格率（合格即分数≥60）和优秀率（优秀即分数≥80）。

 提示

（1）定义存储过程名称和参数列表，关键代码如下所示。

```
CREATE DEFINER='root'@'localhost' PROCEDURE
'proc_result_calPassAndExcellentRate'
(IN sub_name VARCHAR(50),OUT passRate Double,
OUT excellentRate Double)
BEGIN
    #省略
END
```

（2）定义局部变量。

```
DECLARE sub_no INT;#查找课程编号
DECLARE exam_date Datetime;#查找最近考试日期
DECLARE stuCount INT;#参加考试的总人数
DECLARE stuPassCount INT;#通过考试的总人数
DECLARE stuExcellentCount INT;#达到优秀的总人数
```

注意：所有局部变量的声明都要放在过程体的最开始部分。

（3）根据用户输入的课程名称，查询获得课程编号和该门课程最近一次考试时间。查询该门课程最近一次考试的总人数、合格人数和优秀人数。

```
SELECT subjectNo INTO sub_no FROM subject WHERE subjectName=
sub_name;
    SELECT MAX('examDate') INTO exam_date FROM result WHERE subjectNo =
sub_no;
    SELECT COUNT(*) INTO stuCount FROM result WHERE subjectNo=sub_no
AND Date(examDate)=exam_date;
    SELECT COUNT(*) INTO stuPassCount FROM result WHERE
subjectNo=sub_no AND Date(examDate)=exam_date AND studentResult>=60;
    SELECT COUNT(*) INTO stuExcellentCount FROM result WHERE
subjectNo=sub_no AND Date(examDate)=exam_date AND studentResult>=80;
```

（4）计算合格率和优秀率。

```
#计算合格率
set passRate = stuPassCount/stuCount*100;
#计算优秀率
set excellentRate = stuExcellentCount/stuCount*100;
```

6.2.2　查看存储过程

前面学习了如何创建存储过程，那么，创建后的存储过程如何进行查看呢？MySQL 提供了以下查看存储过程的方式。

1. 查看存储过程的状态

类似查看数据库中的数据表信息，MySQL 用户也可以查看数据库中已创建的存储过程。基本语法格式如下所示。

```
SHOW PROCEDURE STATUS;
```

【示例 6】

查看 myschool 中创建的存储过程。

关键代码：

```
SHOW PROCEDURE STATUS WHERE DB='myschool';
```

运行以上 SQL 语句，结果如图 6.10 所示。

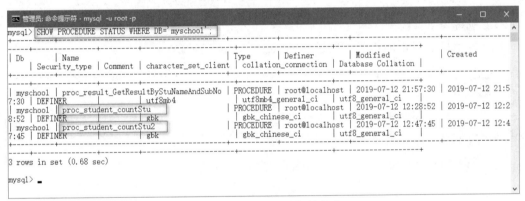

图6.10　查看存储过程的状态

除了通过指定数据库名来查询存储过程，还可以通过 LIKE 语句匹配存储过程名称，例如，

```
SHOW PROCEDURE STATUS LIKE '%student%';
```

MySQL 还提供了其他方式查看存储过程状态，这里不做更多介绍。

2. 查看存储过程的创建代码

除了查看存储过程的状态，还可以查看存储过程的创建代码。语法格式如下所示。

```
SHOW CREATE PROCEDURE 存储过程名;
```

【示例 7】

查看存储过程 proc_student_countStu 的创建代码。

关键代码：

```
SHOW CREATE PROCEDURE proc_student_countStu;
```

运行以上 SQL 语句，结果如图 6.11 所示。

Chapter
6

```
管理员：命令提示符 - mysql  -u root -p                                          —    □    ×

mysql> SHOW CREATE PROCEDURE proc_student_countStu;
+--------------------+---------------------------------------------------------
---+--------------------------------------------------------------------------
-------+
| Procedure          | sql_mode
  | Create Procedure
                      | character_set_client | collation_connection | Database Col
lation |
+--------------------+---------------------------------------------------------
---+--------------------------------------------------------------------------
-------+
| proc_student_countStu | STRICT_TRANS_TABLES,NO_AUTO_CREATE_USER,NO_ENGINE_SUBSTITUTIO
N | CREATE DEFINER=`root`@`localhost` PROCEDURE `proc_student_countStu`()
BEGIN
SELECT COUNT(*) FROM student;
END | gbk                  | gbk_chinese_ci         | utf8_general_ci     |
+--------------------+---------------------------------------------------------
---+--------------------------------------------------------------------------
-------+
1 row in set (0.02 sec)
```

图6.11　查看存储过程的创建代码

上机练习 3　查看存储过程

查看上机练习 2 创建的存储过程的状态和创建代码。

提示

通过以下两种方式完成以上需求。

（1）通过命令行窗口查看。

（2）通过 Navicat 客户端工具查看。

提示

Navicat 客户端工具提供了查看已创建的存储过程的可视化方式。通过数据库名→"属性"，右键单击所查询存储过程名称→选择"对象信息"可以查看存储过程的状态信息。通过数据库名→"属性"，右击所查询存储过程名称→选择"设计函数"可以查看存储过程的创建代码。

6.2.3　修改存储过程

在 MySQL 中，使用 ALTER PROCEDURE 可以修改已创建的存储过程，但是仅仅能够修改创建存储过程时定义的属性。语法格式如下。

```
ALTER PROCEDURE 存储过程名 [特性…] ;
```

【示例 8】

修改存储过程 proc_student_countStu 的 SQL SECURITY 属性为 INVOKER。

关键代码：

```
ALTER PROCEDURE proc_student_countStu
SQL SECURITY INVOKER;
```

运行以上 SQL 语句，结果如图 6.12 所示。存储过程的状态的 SQL 语句 SQL SECURITY 属性已经被修改为 INVOKER。

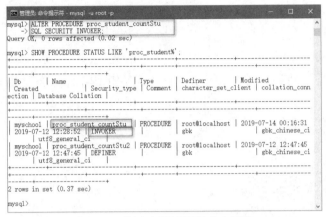

图6.12　修改存储过程的安全属性

 经验

　　通过 ALTER PROCEDURE 关键字只能修改存储过程中定义的属性，如果想修改存储过程中过程体的内容，则需要删除该存储过程后再重新创建存储过程。

　　除此之外，可以通过 Navicat 客户端工具对存储过程的内容进行修改，修改后直接保存即可。

6.2.4　删除存储过程

类似删除数据库中的数据表，MySQL 用户可以使用 DROP PROCEDURE 删除已创建的存储过程。语法格式如下所示。

```
DROP PROCEDURE 存储过程名;
```

【示例 9】

删除已创建的存储过程 proc_student_countStu。

关键代码：

```
DROP PROCEDURE IF EXISTS proc_student_countStu;
```

6.3　任务 3：创建存储过程将用户购物车中选购的商品生成订单

任务目标

❖　掌握存储过程的控制语句。

❖ 会使用 MySQL 游标。

前面我们了解了基本的存储过程结构及创建方法。在实际应用中，要解决复杂的问题，往往涉及复杂的流程控制。下面来了解 MySQL 存储过程的控制语句。

6.3.1 存储过程中的控制语句

类似 Java 语言中的流程控制语句，MySQL 提供的控制语句包括条件语句、循环语句和迭代语句。

1. 条件语句

MySQL 提供了两种条件语句，分别是 IF-ELSEIF-ELSE 条件语句和 CASE 条件语句。

（1）IF-ELSEIF-ELSE 条件语句。IF-ELSEIF-ELSE 条件语句是最常用的一种条件语句。语法格式如下所示。

```
IF 条件 THEN 语句列表
    [ELSEIF 条件 THEN 语句列表]
    [ELSE 语句列表]
END IF;
```

下面看具体的示例。

【示例 10】

在 myschool 数据库中存在教师薪水表 salary，该表记录了各门课程授课教师的基本薪资。具体数据结构如表 6-1 所示。

表 6-1 教师薪水表（salary）的数据结构

列名称	数据类型	说明
id	INT	教师编号，主键，标识列从 1 开始，递增值为 1
tName	VARCHAR	教师姓名，该列必填
subjectNo	INT	课程编号，该列必填，外键
tSalary	FLOAT	基本薪资，该列必填

学校根据授课教师的授课质量给予其相应的质量奖金。合格率 100%的授课教师获得基本薪资 20%的奖金，合格率 80%及以上的授课教师获得基本薪资 10%的奖金，合格率大于等于 60%但低于 80%的授课教师获得基本薪资 5%的奖金，合格率低于 60%的授课教师奖金为 0。编写存储过程，根据用户输入的教师姓名，计算授课教师实际获得的奖金（假设一名授课教师只教授一门课程）。

分析如下。

根据需求中的奖金规则，通过 IF-ELSEIF-ELSE 语句计算教师实际获得的奖金。

关键代码：

```
DELIMITER //
CREATE DEFINER=`root`@`localhost` PROCEDURE `proc_salary_calBonus`(IN
```

```
name VARCHAR(20) , OUT bonus FLOAT)
    BEGIN
    DECLARE t_salary Float;
    DECLARE sub_no INT;
    DECLARE passRate Float;
    DECLARE exam_date Date;
    SELECT subjectNo INTO sub_no FROM salary WHERE tName=name;
    SELECT tSalary INTO t_salary FROM salary WHERE tName=name;
    SELECT MAX('examDate') INTO exam_date FROM result WHERE subjectNo =
sub_no ;
    SET passRate =  (SELECT COUNT(*) FROM result WHERE subjectNo=sub_no and
examDate=exam_date and studentResult>=60) / (SELECT COUNT(*) FROM result
WHERE subjectNo=sub_no and examDate=exam_date);
    SELECT passRate AS 通过率,  exam_date AS 考试日期;
    #根据规则计算教师奖金
    IF passRate = 1 THEN
        SET bonus = t_salary * 0.2;
    ELSEIF passRate >= 0.8 THEN
        SET bonus = t_salary * 0.1;
    ELSEIF passRate >=0.6 AND passRate < 0.8 THEN
        SET bonus = t_salary * 0.05;
    ELSE
        SET bonus = 0;
    END IF;
    END //
    DELIMITER ;
```

根据需求中定义的奖金规则,通过 IF-ELSEIF-ELSE 语句计算出教师获得的奖金。调用该存储过程,查询教师"刘颖"获得的奖金为 500,运行效果如图 6.13 所示。

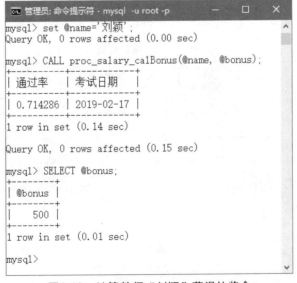

图6.13　计算教师"刘颖"获得的奖金

（2）CASE 条件语句。MySQL 中的 CASE 条件语句有两种写法。

第一种语法格式如下所示。

```
CASE
    WHEN 条件 THEN 语句列表
    [WHEN 条件 THEN 语句列表]
    [ELSE 语句列表]
END CASE;
```

CASE 条件语句中，如果条件值为真，相应的 SQL 语句列表被执行。如果没有条件匹配，在 ELSE 子句里的语句列表被执行。另外，CASE 语句只返回第一个符合条件的值，剩下的部分将会被自动忽略。

第二种语法格式如下所示。

```
CASE 列名
    WHEN 条件值 THEN 语句列表
    [WHEN 条件值 THEN 语句列表]
    [ELSE 语句列表]
END CASE;
```

 注意

CASE 条件语句的两种写法可以实现相同的功能，在某种情况下（如做等值判断），使用第二种语法格式更加简洁，但是因为 CASE 后面有列名，功能上会有一些限制。因此，使用时要根据需求进行选择。

下面看一个具体示例。

【示例 11】

根据税率等级，计算教师应缴纳的个人所得税。税率等级表如表 6-2 所示。

表 6-2　税率等级表

等级	全年应纳税所得额	税率
1	不超过 36000 元的	3%
2	36000 元至 144000 元（含）的部分	10%
3	144000 元至 300000 元（含）的部分	20%

计算个人所得税的方法为：（工资-免征额）×对应等级的税率。工资低于 5000 元的部分免征个人所得税。

关键代码：

```
DELIMITER //
CREATE DEFINER=`root`@`localhost` PROCEDURE `proc_salary_calTax`
( IN name VARCHAR(20),OUT tax Float)
```

```
BEGIN
DECLARE tax_level INT;
DECLARE t_salary Float;
DECLARE tax_rate Float;
SELECT tSalary INTO t_salary FROM salary WHERE tName = name;
IF t_salary <= 36000 THEN
    SET tax_level = 1;
ELSEIF t_salary > 36000 AND t_salary <=144000 THEN
    SET tax_level = 2;
ELSEIF t_salary >144000 AND t_salary <=300000 THEN
    SET tax_level = 3;
END IF;

CASE
    WHEN tax_level=1 THEN SET tax_rate = 0.03;
    WHEN tax_level=2 THEN SET tax_rate = 0.1;
    WHEN tax_level=3 THEN SET tax_rate = 0.2;
END CASE;
SET tax = (t_salary-5000)*tax_rate;
END //
DELIMITER ;
```

示例 11 代码中，通过查询获得教师薪水并设置其所属的税率等级，根据税率等级获得其应纳税税率，最后计算其应缴纳的个人所得税。调用存储过程，查询教师"刘颖"应缴纳的个人所得税。运行结果如图 6.14 所示。

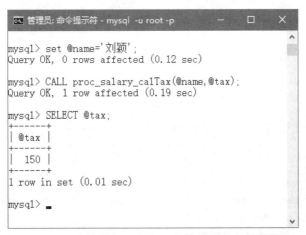

图6.14　查询教师"刘颖"应缴纳的个人所得税

思考

如果使用第二种语法格式来编写示例 11 代码中的 CASE 循环结构，应该如何写呢？

2. 循环语句

MySQL 语句提供多种循环语句，包括 LOOP 循环、WHILE 循环和 REPEAT 循环。

（1）LOOP 循环语句。LOOP 循环结构不需要判断初始条件直接执行循环体，直到遇到 LEAVE 语句才退出循环。具体语法格式如下所示。

```
[begin_label:] LOOP
    语句列表
END LOOP [end_label] ;
```

为了退出循环，需要结合 LEAVE 语句，具体语法格式如下所示。

```
LEAVE label ;
```

其中，label 为标号，标号可以用在 BEGIN、REPEAT、WHILE 或者 LOOP 语句前。LEAVE 语句用来标识离开标号所标识的程序块。

下面看一个具体示例。

【示例 12】

编写存储过程，批量插入年级编号为 3 的 3 门课程信息，课程名称为 Hibernate、SpringMVC 和 Project，各门课程默认学时为 300。

分析如下。

通过循环语句插入课程信息，课程信息由存储过程调用者提供。考虑 MySQL 存储过程中不接收数组作为输入参数，因此将课程信息通过字符串提供，课程名称之间通过逗号（,）进行分隔，如"Hibernate,SpringMVC,Project"。实现存储过程的关键代码如下所示。

关键代码：

```
DELIMITER //
CREATE DEFINER=`root`@`localhost` PROCEDURE `proc_subject_insert`
( IN grade_id INT, IN courses VARCHAR(100))
BEGIN
    DECLARE comma_pos INT;
    DECLARE current_course VARCHAR(20);
loop_label: LOOP
    SET comma_pos = LOCATE(',', courses);
    SET current_course = SUBSTR(courses, 1, comma_pos-1);
    IF current_course <> '' THEN
      SET courses = SUBSTR(courses, comma_pos+1);
    ELSE
      SET current_course = courses;
    END IF;
    INSERT INTO subject(`gradeId`,`subjectName`,`classHour`)
VALUES(grade_id, current_course,300);
    IF comma_pos=0 OR current_course='' THEN
     LEAVE loop_label;
```

```
    END IF;
END LOOP loop_label;
END //
DELIMITER ;
```

调用存储过程，可查看课程表新增 3 门课程，如图 6.15 所示。

subjectNo	subjectName ▼	classHour	gradeID
1	Logic Java	210	1
2	HTML	160	1
3	Java OOP	230	2
4	C# OOP	200	2
8	Hibernate	300	3
9	SpringMVC	300	3
10	Project	300	3

图6.15　课程表新增3门课程

（2）WHILE 循环语句。WHILE 循环语句是使用最普遍的循环语句。WHILE 语句首先判断条件是否成立，如果成立则执行循环体。具体语法格式如下所示。

```
[begin_label:] WHILE 条件 DO
    语句列表
END WHILE [end_label]
```

下面看一个具体的示例。

【示例 13】

已有测试表 test，包括 Id 字段和 Val 字段。Id 字段由 1 开始递增，Val 为产生的随机数。创建存储过程，根据输入的行数要求，批量插入测试数据。

关键代码：

```
DELIMITER //
CREATE DEFINER=`root`@`localhost` PROCEDURE `proc_test_insert`(IN rows
INT )
BEGIN
  DECLARE rand_val FLOAT;
  WHILE rows > 0 DO
    SELECT RAND() INTO rand_val;
    INSERT INTO test VALUES(NULL, rand_val);
    SET rows = rows - 1;
  END WHILE;
END //
DELIMITER ;
```

示例 13 代码中通过 WHILE 循环结构批量插入随机产生的数据，调用存储过程后，test 表的数据如图 6.16 所示。

Id	Val
1	0.287228
2	0.217744
3	0.227036
4	0.481948
5	0.72863
6	0.197305
7	0.800639
8	0.411277
9	0.654468
10	0.0385079
11	0.229137
12	0.0301604
13	0.463392
14	0.226477
15	0.742212
16	0.0316283
17	0.931505
18	0.56264
19	0.0186868
20	0.405513

图6.16　向test表中批量插入测试数据

（3）REPEAT 循环语句。REPEAT 循环语句类似于 LOOP 循环语句，都不需要初始条件即可直接进入循环体。但是和 LOOP 循环语句不同的是，它有退出条件。因此 REPEAT 循环语句是执行一次操作后检查条件是否成立，如果成立，则结束循环，如果不成立，则继续执行下一次循环操作。具体语法结构如下所示。

```
[begin_label:] REPEAT
    语句列表
UNTIL 条件
END REPEAT [end_label]
```

思考

请思考如何使用 REPEAT 循环结构实现示例 13 的需求。

3. 迭代语句

MySQL 中，ITERATE 关键字可以嵌入 LOOP、WHILE 和 REPEAT 程序块中，执行 ITERATE 语句就是重新返回程序块的开始位置重新执行。具体语法结构如下所示。

```
ITERATE label;
```

下面看一个具体示例。

【示例 14】

在示例 13 创建的 test 表的基础上，编写存储过程批量插入测试数据。要求：调用存储过程时输入需要增加的数据行数，随机产生的测试数据必须大于 0.5。

关键代码：

```
DELIMITER //
CREATE DEFINER=`root`@`localhost` PROCEDURE `proc_test_insert2`
```

```
( IN rows INT)
   BEGIN
      DECLARE rand_val FLOAT;
      loop_label:WHILE rows > 0 DO
          SELECT RAND() INTO rand_val;
          IF rand_val<0.5 THEN
              ITERATE loop_label;
          END IF;
          INSERT INTO test VALUES(NULL, rand_val);
          SET rows = rows - 1;
      END WHILE loop_label;
   END //
   DELIMITER ;
```

　　在示例 14 代码中，通过 WHILE 循环随机产生测试数据，并插入 test 表中。如果产生的测试数据大于 0.5，则将测试数据插入 test 表中；如果产生的测试数据小于 0.5，则通过执行 ITERATE 语句，返回 loop_label 的开始位置，重新进入下一次循环。调用存储过程，要求插入 10 条满足要求的测试数据。批量插入的新数据如图 6.17 所示。

Id	Val
31	0.767109
32	0.513607
33	0.792708
34	0.704701
35	0.918496
36	0.972923
37	0.626856
38	0.806904
39	0.999175
40	0.886235

图6.17　批量插入的新数据

 注意

　　在创建存储过程前，可以使用 IF EXISTS 语句检查存储过程是否存在，如果不存在则进行创建。例如，

```
DELIMITER //
DROP PROCEDURE IF EXISTS `myschool`.`proc_test_insert2` //
CREATE DEFINER=`root`@`localhost` PROCEDURE `proc_test_insert2`
( IN rows INT)
   BEGIN
     #省略
   END //
   DELIMITER ;
```

上机练习 4　统计每月订单数

网上商城订单系统数据库中存在订单表（order）和订单商品表（order_product），其数据结构分别如表 6-3 和表 6-4 所示。商家希望统计订单情况，请编写存储过程，统计今年指定季度中每月的订单总数。

表 6-3　订单表（order）

序号	字段名称	字段说明	属性	备注
1	orderId	订单编号	非空，主键	
2	payment	付款金额	非空	
3	paymentType	支付类型	非空	支付类型：1.在线支付 2.货到付款
4	postFees	邮费	非空	
5	status	订单状态	非空	状态：0，未支付 1，已支付 2，配送中 3，交易完成
6	createTime	创建时间	非空	
7	updateTime	更新时间	—	
8	paymentTime	付款时间	—	
9	shippingTime	发货时间	—	
10	closeTime	交易完成时间	—	
11	shippingId	物流编号	—	
12	uId	用户编号	非空，外键	
13	uComment	用户评价	—	

表 6-4　订单商品表（order_product）

序号	字段名称	字段说明	属性
1	Id	标识列	非空,主键
2	orderId	订单编号	非空
3	pId	商品编号	非空
4	pNum	商品购买数量	非空
5	pName	商品名称	非空
6	pPrice	商品单价	非空
7	totalFees	商品总金额	—
8	pPhoto	商品图片	—

提示

（1）使用教师提供的 SQL 语句脚本创建网上商城订单系统数据库及相关数据表，并导入测试数据。

（2）根据输入的季度数，判断要查询的该季度对应的月份范围，可以使用 CASE 条件语句实现。

（3）根据月份范围，使用 WHILE 循环统计今年该季度每月的订单总数并输出。

（4）调用存储过程。

假如商家指定的第三季度，则统计第三季度每月订单数，结果如图 6.18 所示。

图6.18　统计第三季度每月订单数

6.3.2　游标

1. 游标的含义

在一些应用中，我们需要对查询的结果集进行处理。例如，批量更新用户数据，获取查询列表中某列数据的集合等。这时，都需要用到 MySQL 提供的游标（Cursor）。游标允许遍历 SELECT 语句返回的一组行数据，并对每一行数据进行处理。

MySQL 允许在存储过程中使用游标。游标具有以下特点。

（1）敏感性：是指服务是否为结果集创建副本。对于敏感游标，它直接指向实际数据；对于不敏感游标，使用的则是创建的副本数据。

（2）只读性：即无法通过游标更新原始表数据。

（3）不可滚动性：不能以相反的方向获取行，只能按照 SELECT 语句返回行，同样，也不能跳过行。

2. MySQL 游标的使用

使用 MySQL 游标需要通过以下几个步骤来完成。

第 1 步：声明游标。

MySQL 中使用 DECLARE 关键字声明游标。具体语法如下所示。

游标的使用

```
DECLARE 游标名称 CURSOR FOR SELECT 语句;
```

需要注意的是，游标的声明必须在变量的声明之后。声明游标时必须跟 SELECT 语句关联，关联的 SELECT 语句不能包含 INTO 语句。

第 2 步：打开游标。

使用 OPEN 语句打开一个已经声明的游标，具体语法如下所示。

```
OPEN 游标名称;
```

OPEN 语句将初始化游标的结果集，因此 OPEN 语句必须在结果集提取行之前使用。

第 3 步：提取数据。

使用 FETCH 语句提取数据的具体语法如下所示。

```
FETCH [[NEXT] FROM] 游标名称 INTO 变量名 [, 变量名] … ;
```

使用 FETCH 语句获取与指定游标关联的 SELECT 语句的下一行，并将游标指针移动到结果集的下一行。如果该行存在，则获取的列将存储在变量中。FETCH 语句中指定的输出变量数目必须与 SELECT 语句检索的列数相匹配。

第 4 步：关闭游标。

当游标使用完毕后，需要使用 CLOSE 语句关闭游标。具体语法如下所示。

```
CLOSE 游标名称;
```

在游标使用过程中，如果执行 FETCH 语句后没有更多的行可用，程序就会出现异常。为了察觉并处理这个异常，使用游标时必须声明一个 NOT FOUND 处理程序来处理游标找不到任何行的情况。声明 NOT FOUND 处理程序的基本语法如下所示。

```
DECLARE CONTINUE HANDLER FOR NOT FOUND 设置结束值;
```

这里，声明 NOT FOUND 处理程序，设置一个变量值来标识结束，例如，设置"SET finished=1"。NOT FOUND 处理程序必须在存储过程中的变量和游标声明之后进行声明。在执行 FETCH 语句时，它将尝试读取结果集的下一行数据，如果游标已经到达结果集结尾，它将无法获取数据，这时将设置结束值。程序通过判断结束值进行相应的处理。

下面来看一个具体的示例。

【示例 15】

年底，学校对教师薪水进行调整。要求：创建存储过程，将 myschool 数据库的薪资表中的教师薪水整体上调 5%。

分析如下。

对 myschool 数据库的薪资表中的教师薪水进行更新。这里需要使用游标进行处理。具体实现代码如下所示。

关键代码：

```
DELIMITER //
CREATE DEFINER=`root`@`localhost` PROCEDURE `proc_salary_
updateAllSalary` ()
BEGIN
    DECLARE old_salary Float;
    DECLARE new_salary Float;
    DECLARE t_id INT;
    DECLARE finished INTEGER DEFAULT 0;
```

```
#声明游标
    DECLARE salary_cur CURSOR FOR SELECT id,tSalary FROM salary ;
    #声明 NOT FOUND Handler
    DECLARE CONTINUE HANDLER FOR NOT FOUND SET finished=1;
    #打开光标
    OPEN salary_cur;
    update_loop: LOOP
        #fetch 数据
        FETCH salary_cur INTO t_id, old_salary;
        IF finished=1 THEN
            LEAVE update_loop;
        END IF;
        #薪水上调 5%
        SET new_salary = old_salary * (1+ 0.05);
        UPDATE salary SET tSalary = new_salary WHERE id=t_id;
    END LOOP update_loop;
    #关闭游标
    CLOSE salary_cur;
END //
DELIMITER ;
```

在示例 15 代码中，游标是嵌套在 LOOP 循环中使用的。通过游标，循环对薪资表中教师的薪水 tSalary 进行更新。循环结束，每位教师的薪水上调 5%。执行存储过程后，可以查看薪资表中上调后的教师薪资状况，如图 6.19 所示。

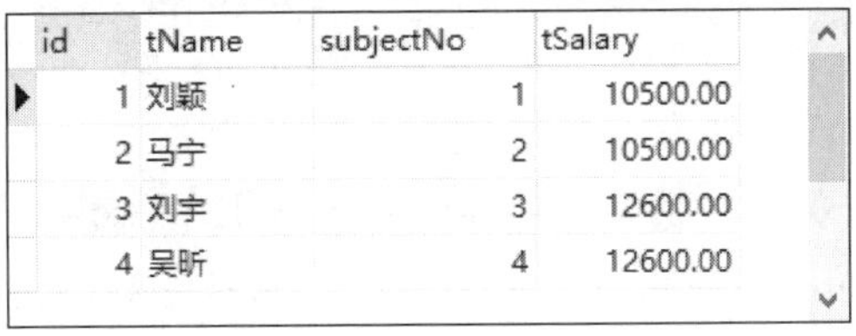

id	tName	subjectNo	tSalary
▶ 1	刘颖	1	10500.00
2	马宁	2	10500.00
3	刘宇	3	12600.00
4	吴昕	4	12600.00

图6.19　上调后的教师薪资

上机练习 5　批量调整订单系统中商品的价格

网上商城开展促销活动，所有商品统一实施 8 折优惠。创建存储过程，将商品表（product）中商品价格下调 20%。数据库使用本章上机练习 4 中创建的网上商城订单系统数据库。商品表（product）数据结构如表 6-5 所示。

表 6-5　商品表（product）数据结构

序号	字段名称	字段说明	属性
1	pId	商品编号	非空，主键
2	pName	商品名称	非空
3	pIntro	商品介绍	非空
4	pPhoto	商品图片	—
5	pPrice	商品价格	非空

上机练习6 将用户购物车中选购的商品生成订单

用户在网上商城选购的商品都会放到其购物车中。创建存储过程，将用户添加到购物车中的商品生成用户订单。要求：调用存储过程时输入用户 ID 作为参数。数据库使用本章上机练习 4 中创建的网上商城订单系统数据库。其中购物车表（cart）数据结构如表 6-6 所示。

表 6-6 购物车表（cart）数据结构

序号	字段名称	字段说明	属性	备注
1	Id	标识列	非空，主键	
2	uId	用户编号	非空	
3	pId	商品编号	非空	
4	pNum	商品数量	非空	
5	pPrice	商品价格	非空	加入购物车时的商品价格
6	createTime	创建时间	非空	
7	status	状态	非空	状态包括：1.在购物车中 2.已移除
8	updateTime	更新时间	非空	

提示

（1）创建存储过程名为 proc_cart_createOrder。

```
CREATE DEFINER=`root`@`localhost` PROCEDURE `proc_cart_createOrder`
( IN u_id INT)
```

（2）声明需要的内部变量及游标。

（3）根据购物车表中的数据，计算输入用户 ID 所购买的订单总金额。注意：购物车表中状态（status）字段标识为 1 的为购物车中待下订单的物品。

```
SELECT SUM(pNum*pPrice) INTO total_price FROM cart WHERE uId= u_id
AND status = 1 GROUP BY uId;
```

（4）根据购物车中的商品信息生成订单表 order 记录。首先，生成随机订单号。然后将订单信息插入 order 表中。参考代码如下所示。

```
SET rand_orderId = CEILING(rand()*10000000000);
    INSERT INTO `order` (`orderId`, `payment`, `paymentType`,
`postFees`, `status`, `createTime`, `updateTime`,`uId`) VALUES
(rand_orderId, total_price, 1, post_fees, 1, NOW(), NOW(), u_id);
```

（5）通过循环结构，将购物车中的商品信息（可能是多条）添加到 order_product 表中，并将购物车中该商品信息状态设置为 2（表示已移除状态）。参考代码如下所示。

```
OPEN cart_cur;
insert_loop:LOOP
    FETCH cart_cur INTO p_id, p_num,p_name,p_price,cart_id;
    IF finished=1 THEN
```

```
            LEAVE insert_loop;
        END IF;
      INSERT INTO `order_product` (`orderId`, `pId`, `pNum`, `pName`,
 `pPrice`, `totalFees`) VALUES (rand_orderId, p_id, p_num, p_name,
 p_price, p_num*p_price);
        UPDATE 'cart' SET status=2 WHERE id=cart_id;
     END LOOP insert_loop;
     CLOSE cart_cur;
```

思考

在上机练习 6 创建的存储过程中，涉及多次对表插入数据、修改数据等操作。执行过程中任何一步操作发生错误都有可能导致数据库产生脏数据。如何解决这个问题呢？答案是需要在已创建的存储过程中添加事务处理。事务将在本书第 7 章进行讲解，读者在学完第 7 章后可以对本章创建的存储过程进行完善。

本章小结

本章学习了以下知识点。

1．存储过程是一组为了完成特定功能的 SQL 语句集合，从 MySQL 5.0 版本之后开始支持存储过程。

2．存储过程具有安全性高、减少网络流量等优势，在实际开发中具有广泛的应用。

3．创建存储过程使用 CREATE PROCEDURE 结构。调用存储过程使用 CALL 关键字。

4．MySQL 存储过程支持多种控制语句，包括：条件语句（IF 和 CASE）、循环语句（WHILE、LOOP、REPEAT）及迭代语句（ITERATE）。

5．游标允许遍历 SELECT 语句返回的一组行数据，并对每一行数据进行处理。

本章练习

1．请说明 MySQL 循环语句的几种结构以及执行过程中的差异。

2．请说明如何使用游标。

3．编写存储过程，根据出版时间和作者信息搜索图书列表。要求：输出图书列表，图书名称使用","进行分隔。

4．编写存储过程，实现图书借阅功能。要求：（1）输入用户 ID 和借阅书籍 ID；（2）图书借阅期为 20 天。

提示

　　在图书借阅表中增加一条图书借阅记录的同时，将图书信息表中该书的当前数量减 1，在读者信息表中"借书用户已借书数量"列加 1。

　　5．编写存储过程，实现还书功能。如果用户还书时，超过了借阅的时间要求，则系统会自动生成罚款记录，每天的罚金是 5 元。要求：输入用户 ID 和要归还的图书。

说明

　　本章练习的第 3～5 题要用到第 2 章练习中创建的图书馆管理系统数据库。

第 7 章

事务、视图、索引、备份和恢复

技能目标

- ❖ 会使用事务保证操作数据的完整性。
- ❖ 会创建和使用视图。
- ❖ 会创建和使用索引。
- ❖ 掌握数据库备份和恢复的方法。

本章任务

- ❖ 使用事务插入多条成绩记录。
- ❖ 使用视图查看成绩记录。
- ❖ 创建数据表索引。
- ❖ 掌握数据库的备份和恢复。

7.1 任务 1：使用事务插入多条成绩记录

任务目标

❖ 了解为什么使用事务。

❖ 了解事务的特点。

❖ 会使用 SQL 语句管理事务。

第 4 章、第 5 章讨论了各种子查询的用法，包括简单子查询、IN 子查询和 EXISTS 子查询，以及复杂的多表连接查询和联合查询。除此之外，我们在实际开发中还会用到一些比较特殊的高级数据处理和查询，包括事务、视图和索引。

在使用数据库时，只要进行了数据传输、数据存储、数据交换等操作，就有可能产生数据异常或错误，这时，如果没有采取数据备份和数据恢复的措施，就会导致数据丢失。本章将介绍几种常用的数据备份和恢复的方法。

事务（Transaction）是指将一系列数据操作捆绑成为一个整体进行统一管理。如果某一事务执行成功，则在该事务中进行的所有数据更改均会提交，成为数据库中的永久组成部分。如果事务执行时遇到错误且必须取消或回滚，则数据将全部恢复到事务操作前的状态，所有数据的更改均被清除。

7.1.1 事务的用途

在银行业务中有一条记账原则，即有借有贷，借贷相等。为了保证这条原则，每发生一笔银行业务，就必须确保会计账目上借方和贷方至少各记一笔，并且这两笔账要么同时成功，要么同时失败。如果出现只记录了借方或者只记录了贷方的情况，就违反了记账原则，导致记错账。

事务

【**示例 1**】

在银行的日常业务中，一般都支持同一银行（如都是中国农业银行，简称农行）账户间的直接转账。因此，银行转账操作往往会涉及同一银行的两个或两个以上的账户，在转出账户的存款减少一定金额的同时，转入账户会增加相应金额的存款。现在，让我们来看看上述提及的转账问题。例如，从张三的账户直接转账 500 元到李四的账户。

分析如下。

解决上述问题，首先需要创建账户表，用于存放张三和李四的账户信息。SQL 语句如下所示。

关键代码：

```
/* 创建数据库 */
CREATE DATABASE mybank;
```

```
/* 创建表 */ USE mybank;
CREATE TABLE `bank` (
`customerName` CHAR(10), #账户名
`currentMoney` DECIMAL(10,2)  #当前余额
);
/* 插入数据 */
INSERT INTO `bank`(`customerName`,`currentMoney`) VALUES('张三',1000);
INSERT INTO `bank`(`customerName`,`currentMoney`) VALUES('李四',1);
```

上述 SQL 语句的运行结果如图 7.1 所示。

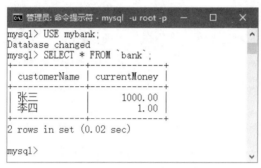

图7.1 张三、李四的账户信息

 注意

> 目前，张三和李四两个账户的余额总和为 1000+1=1001 元。

现在开始模拟转账功能：从张三的账户直接转账 500 元到李四的账户，即张三的账户减少 500 元，李四的账户增加 500 元。可以使用 UPDATE 语句，用来修改张三的账户和李四的账户。SQL 语句如下所示。

关键代码：

```
/*-- 转账测试 ： 张三希望通过转账， 直接汇钱给李四 500 元 --*/
# 张三的账户少 500 元， 李四的账户多 500 元
UPDATE `bank` SET `currentMoney`=`currentMoney`-500 WHERE
`customerName`='张三';
UPDATE ``bank` SET `currentMoney`=`currentMoney`+500 WHERE
`customerName`='李四';
```

正常情况下执行以上的转账操作后，余额总和应保持不变，仍为 1001 元。但是，如果在这个过程中任一环节出现差错，如在张三的账户减少 500 元之后，这时发生了服务器故障，李四的账户没有立即增加 500 元，此时读取到两个账户的余额总和变为 500+1=501 元，即账户总额少了 500 元。

这个问题该如何解决呢？MySQL 通过事务机制来保证数据的一致性。转账过程就是一个事务，它需要两条 UPDATE 语句来完成，这两条语句是一个整体。如果其中

任何一个环节出现问题，则整个转账操作也应取消，两个账户中的余额应恢复为原来的数据，从而确保转账前和转账后的余额总和不变，即都是 1001 元。

7.1.2 事务的概念

事务是一种机制、一个操作序列，包含了一组数据库操作命令，并且把所有的命令作为一个整体一起向系统提交或撤销操作请求，即这组数据库命令要么都执行，要么都不执行。因此事务是一个不可分割的工作逻辑单元，在数据库系统上执行并发操作时，事务是作为最小的控制单元来使用的，特别适用于多用户同时操作的数据库系统。例如，航空公司的订票系统，银行、保险公司以及证券交易系统等。

事务是作为单个逻辑工作单元执行的一系列操作。一个逻辑工作单元必须有 4 个属性，即原子性（Atomicity）、一致性（Consistency）、隔离性（Isolation）及持久性（Durability），这些特性通常简称为 ACID。

1. 原子性

事务是一个完整的操作。事务的各元素是不可分割的（原子的）。事务中的所有元素必须作为一个整体提交或回滚。如果事务中的任何元素失败，则整个事务将失败。

以银行转账事务为例，如果该事务提交了，则这两个账户的数据将会更新。如果由于某种原因，事务在成功更新这两个账户之前终止了，则不会更新这两个账户的余额，并且会撤销对任何账户余额的修改，事务不能部分提交。

2. 一致性

当事务完成时，数据必须处于一致状态。也就是说，在事务开始之前，数据库中存储的数据处于一致状态。在正在进行的事务中，数据可能处于不一致的状态，如数据可能有部分被修改。然而，当事务完成时，数据必须再次回到已知的一致状态。通过事务对数据所做的修改不能损坏数据，或者说事务不能使数据存储处于不稳定的状态。

以银行转账事务为例，在事务开始之前，所有账户余额的总额处于一致状态。在事务进行的过程中，一个账户余额减少了，而另一个账户余额尚未修改。此时，所有账户余额的总额处于不一致状态。事务完成以后，账户余额的总额再次恢复到一致状态。

3. 隔离性

对数据进行修改的所有并发事务是彼此隔离的，这表明事务必须是独立的，它不应以任何方式依赖于或影响其他事务。修改数据的事务可以在另一个使用相同数据的事务开始之前访问这些数据，或者在另一个使用相同数据的事务结束之后访问这些数据。另外，当事务修改数据时，如果任何其他进程正在使用相同的数据，则直到该事务成功提交之后，对数据的修改才能生效。例如，张三和李四之间的转账与王五和赵二之间的转账，永远是相互独立的。

4．持久性

事务的持久性是指不管系统是否发生故障，事务处理的结果都是永久的。

一个事务成功完成之后，它对于数据库的改变是永久性的，即使系统出现故障也是如此。也就是说，一旦事务被提交，事务的效果会被永久地保留在数据库中。

7.1.3　执行事务的方法

MySQL 中提供了多种存储引擎来支持事务，支持事务的存储引擎有 InnoDB 和 BDB。InnoDB 存储引擎管理事务主要通过 UNDO 日志和 REDO 日志实现，MyISAM 存储引擎不支持事务。

 知识扩展

> 任何一种数据库都会拥有各种各样的日志，用来记录数据库的运行情况、日常操作、错误信息等，MySQL 也不例外。例如，当用户 root 登录到 MySQL 服务器时，就会在日志文件里记录该用户的登录时间、执行操作等。为了维护 MySQL 服务器，经常需要在 MySQL 数据库中进行日志操作。

（1）UNDO 日志：复制事务执行前的数据，用于在事务发生异常时回滚数据。

（2）REDO 日志：记录在事务执行中对数据进行的每条更新操作，当事务提交时，该内容将被刷新到磁盘。

默认设置下，每条 SQL 语句就是一个事务，即执行 SQL 语句后自动提交。为了达到将几个操作作为一个整体的目的，需要使用 BEGIN 或 START TRANSACTION 来开始一个事务，或者执行命令 SET AUTOCOMMIT=0 来禁止当前会话的自动提交，命令后面的语句作为事务的开始。

MySQL 使用下列语句来管理事务。

（1）开始事务的语法格式如下。

```
BEGIN;
```

或

```
START TRANSACTION;
```

这条语句显式地标记一个事务的起始点。

（2）提交事务的语法格式如下。

```
COMMIT;
```

这条语句标志一个事务成功提交。自事务开始至提交语句之间执行的所有数据更新将永久地保存在数据库数据文件中，并释放连接时占用的资源。

（3）回滚（撤销）事务的语法格式如下。

```
ROLLBACK;
```

清除自事务起始点至该语句所做的所有数据更新操作，将数据状态回滚到事务开始前，并释放由事务控制的资源。

BEGIN 或 START TRANSACTION 语句后面的 SQL 语句对数据库数据的更新操作都将记录在事务日志中，直至遇到 ROLLBACK 语句或 COMMIT 语句。如果事务中某一操作失败且执行了 ROLLBACK 语句，那么在开始事务语句之后所有更新的数据都能回滚到事务开始前的状态。如果事务中的所有操作都全部正确完成，并且使用了 COMMIT 语句向数据库提交更新数据，则此时的数据又处在新的一致状态。

【示例 2】

增加事务管理，重新实现示例 1 中的转账操作。

实现的 SQL 语句如下所示。

关键代码：

```
USE mybank;
/*-- 设置结果集以 GBK 编码格式显示 --*/
SET NAMES gbk;
/*-- 开始事务，指定事务从此处开始，后续的 SQL 语句是一个整体 --*/
BEGIN;
/*-- 转账：张三的账户减少 500 元，李四的账户增加 500 元 --*/
UPDATE `bank` SET `currentMoney`=`currentMoney`-500
    WHERE `customerName`='张三';
UPDATE `bank` SET `currentMoney`=`currentMoney`+500
    WHERE `customerName`='李四';
/*-- 提交事务，写入硬盘，永久地保存 --*/
COMMIT;
```

执行示例 2 中的 SQL 语句，假定在张三的账户减少 500 元后，李四的账户还未增加 500 元时，即未提交更新数据，此时有其他会话访问数据库，运行结果如图 7.2 所示。

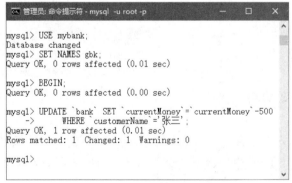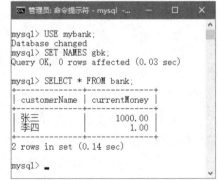

图7.2　事务执行过程中未提交数据更新

从图 7.2 的结果可以看出，虽然已执行完毕第一条 SQL 语句，但没有立即更新数据，其他会话读取到的仍然是更新前的数据。继续执行该事务并提交，运行结果如图 7.3 所示。

图7.3　事务执行完毕提交数据更新

从图 7.3 的结果可以看出，一个事务的所有语句成功执行并提交后，对数据所做的更新将一起提交。其他会话读取到的是更新后的数据。张三和李四的账户总余额和转账前保持一致。这样数据从一个一致性状态更新到另一个一致性状态。

当事务在执行中出现问题，也就是不能按正常的流程执行一个完整的事务时，可以使用 ROLLBACK 语句进行回滚，将数据恢复到初始状态。具体看以下示例。

【示例 3】

基于示例 2 转账后，张三的账户余额已经减少到 500 元，如果再转出 1000 元，将会出现余额为负数的情况，因此需要回滚到原始状态。

实现的 SQL 语句如下所示。

关键代码：

```
/*-- 开始事务 --*/
BEGIN;
UPDATE `bank` SET `currentMoney`=`currentMoney`-1000 WHERE
`customerName`='张三';
/*-- 回滚事务，数据恢复到未更新前的状态 --*/
ROLLBACK;
```

运行结果如图 7.4 所示。

从图 7.4 可以看出，执行事务回滚后，张三和李四的账户余额都恢复到初始状态。如果执行事务回滚后，让张三和李四的账户余额恢复到图 7.3 事务提交数据更新所得出的结果，就需要用到事务的隔离级别。

图7.4　回滚事务

知识扩展

在数据库操作中，为了有效保证并发读取数据的正确性，提出了事务的隔离级别。在示例 2 和示例 3 的演示中，事务的隔离级别为默认隔离级别。在 MySQL 中，事务的默认隔离级别是 REPEATABLE-READ（可重读）隔离级别。若在会话 B 中未关闭自动提交，在会话 A 中执行的事务未结束时（未执行 COMMIT 或 ROLLBACK 语句），会话 B 只能读取到未提交数据。

（4）设置自动提交关闭或开始事务。

MySQL 默认开启自动提交模式，即未指定开始事务时，每条 SQL 语句都是单独的事务，执行完毕自动提交。可以关闭自动提交模式，采取手动提交或回滚事务。语法格式如下。

```
SET autocommit = 0|1;
```

值为 0：表示关闭自动提交模式。

值为 1：表示开启自动提交模式。

执行 SET autocommit =0 后即关闭自动提交，从下一条 SQL 语句开始则开始了新事务，需使用 COMMIT 或 ROLLBACK 语句结束该事务。

【示例 4】

关闭事务自动提交模式，重新实现示例 3 银行转账功能。

关键代码：

```
/*-- 关闭事务自动提交，该语句之后为事务的开始 --*/
SET autocommit=0;
/*-- 转账：张三的账户减少 500 元，李四的账户增加 500 元 --*/
UPDATE `bank` SET `currentMoney`=`currentMoney`-500
    WHERE `customerName`='张三';
UPDATE `bank` SET `currentMoney`=`currentMoney`+500
    WHERE `customerName`='李四';
/*-- 提交事务，写入硬盘，永久地保存 --*/
COMMIT;
UPDATE `bank` SET `currentMoney`=`currentMoney`-1000 WHERE
`customerName`='张三';
/*-- 回滚事务 --*/
ROLLBACK;
/*-- 恢复自动提交 --*/
SET autocommit = 1;
```

示例 4 中关闭自动提交后，该位置作为一个事务起始点，执行 COMMIT 语句或 ROLLBACK 语句后该事务结束，同时也是下一个事务的起始点，最后恢复自动提交模式。

说明

现实中银行的开户、转账问题比上述处理过程更加复杂，将在后续的项目案例中进行说明。

经验

编写事务时要遵守以下原则。

（1）事务尽可能简短。事务开始至结束过程中在数据库管理系统中会保留大量资源，以保证事物的原子性、一致性、隔离性和持久性。如果在多用户系统中，较大的事务将会占用系统的大量资源，使得系统不堪重负，会影响软件的运行性能，甚至导致系统崩溃。

（2）事务中访问的数据量尽量最少。当并发处理事务时，事务操作的数据量越少，事务之间对操作数据的争夺就越少。

（3）查询数据时不要使用事务。对数据进行浏览查询操作并不会更新数据库的数据，因此不要使用事务查询数据，以避免占用过量的系统资源。

（4）在事务处理过程中尽量不要出现等待用户输入的操作。在处理事务的过程中，如果需要等待用户输入数据，那么事务会长时间地占用资源，有可能造成系统阻塞。

上机练习 1 批量插入学生成绩

批量插入参加"Logic Java"课程考试的 5 名学生的成绩，考试时间为当天日期。如果输入的成绩大于 100 分，则取消操作。

提示

（1）开始事务，插入 3 条正确数据，在未提交时，打开另一会话查看成绩数据是否变化。

（2）提交事务，打开另一会话查看成绩数据是否变化。

（3）开始事务，插入 2 条错误数据，回滚事务，查看成绩数据是否变化。

上机练习 2 为毕业学生办理离校手续

将毕业学生的基本信息和成绩分别保存到历史表 historyResult 中。

提示

（1）使用事务完成以下操作。

① 查询 result 表中所有毕业学生的成绩，保存到表 historyResult 中。

② 删除 result 表中所有毕业学生的成绩。

③ 查询 student 表中所有毕业学生的记录，保存到表 historyStudent 中。

④ 删除 student 表中所有毕业学生的记录。

（2）提交事务，查看各表中数据的变化。

（3）回滚事务，查看各表中数据的变化。

7.2 任务 2：使用视图查看成绩记录

任务目标

❖ 理解视图的概念和应用场景。

❖ 会创建和使用视图。

视图是基于 SQL 语句的结果集的可视化的表，是一个虚拟表。对查询执行的大多数操作也可在视图上进行。使用视图的原因有两个：一个是安全考虑，用户不必看到整个数据库的结构，所以隐藏部分数据；另一个是符合用户日常业务逻辑，使他们更容易理解数据。

7.2.1 视图的用途

在实际工作中，不同身份的用户所关注的数据库数据可能也有所不同。例如，企业的员工信息表中保存了该企业所有员工的详细信息，不同职位的人员对该表中查询的数据范围可能是不同的。根据企业的人力资源管理制度要求，企业的老板关注企业员工的全部信息，他可以浏览全体员工的全部记录；企业人力资源主管可以查询全体员工目前的岗位、薪金和绩效；企业出纳员只能查询每个员工的薪金，不能也无权看到企业员工的其他信息；而作为这家企业的一名员工，只能查看本人记录，不得查看其他员工的任何信息。

如何提高数据访问的安全性？我们可以把重复使用的复杂的查询结果保存成视图，也可以以某表数据如员工信息表为基础，设定不同访问权限的视图，不同岗位的员工可以调用不同的视图来获得自己有权查看的相关数据。

另外，在第 4 章学习了子查询，在实现"为每个学生制作在校期间每门课程的成绩单"需求时，编写的 SQL 代码既使用了子查询语句，又使用了连接查询语句。如果教师经常需要实现这个需求，那么每次都需要重复编写这样一大段复杂的代码，无疑会增加工作量和影响工作效率。借助视图就能把复杂的代码封装保存起来，当教师需要制作成绩单时，只需调用并执行对应的视图就可以轻松地完成任务。

7.2.2 视图的概念

视图是一种查看数据库中一个或多个表中数据的方法。视图是一种虚拟表，通常是作为来自一个或多个表的行或列的子集创建的。当然，它也可以包含全部的行和列。

但是，视图并不是数据库中存储的数据值的集合，它的行和列来自查询中引用的表。在执行时，它直接显示来自表中的数据。

视图充当着查询中的表筛选器的角色。定义视图的查询可以基于一个或多个表，也可以基于其他视图、当前数据库或其他数据库。

图 7.5 所示为一个用表 A 的 A 列、B 列和表 B 的 B1、C1 和 D1 列创建的视图，展示了视图与数据库表的关系。

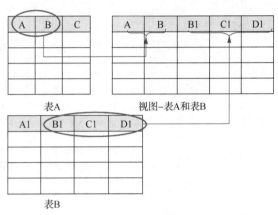

图7.5　创建视图

视图通常用来进行以下 3 种操作。

（1）筛选表中的行。

（2）防止未经许可的用户访问敏感数据。

（3）将多个物理数据表抽象为一个逻辑数据表。

视图可以给最终用户和开发人员带来如下很多好处。

（1）对最终用户的好处。

① 结果更容易理解。创建视图时，可以将列名改为有意义的名称，使最终用户更容易理解列所代表的内容。在视图中修改列名不会影响原表的列名。

② 获得数据更容易。很多用户对 SQL 不太了解，因此对他们来说，创建对多个表的复杂查询很困难，而通过创建视图可以方便用户访问多个表中的数据。

（2）对开发人员的好处。

① 限制数据检索更容易。开发人员有时需要隐藏某些行或列中的信息。通过使用视图，用户可以灵活地访问他们需要的数据，同时保证同一个表或其他表中的其他数据的安全性。要实现这一目标，可以在创建视图时将对用户保密的列排除在外。

② 维护应用程序更方便。调试视图比调试查询更容易，跟踪视图中各个步骤的错误更容易，这是因为所有的步骤都是视图的组成部分。

7.2.3　创建和使用视图

以学生信息管理系统为例，假定任课教师需要查看学生的成绩，班主任比较关心学生的档案。我们可以采用视图为任课教师提供查看学生成绩的视图，数据包括学生姓名、学号、成绩、课程名称和最近一次参加这门课程考试的日期。为班主任提供查看学生档案的视图，数据包括学生姓名、学号、联系电话、年级和该学生参加该年级所有课程考试的总成绩。

（1）使用 SQL 语句创建视图

使用 SQL 语句创建视图的语法格式如下。

```
CREATE VIEW 视图名
 AS
<SELECT 语句 >
```

 注意

> 在 SQL 语句命名规范中，视图一般以 view_xxx 或 v_xxx 的样式来命名。

与创建数据表相同，在创建视图之前，如果在数据库中已存在同名视图，需要先删除再创建，下面就来学习如何删除视图。

（2）使用 SQL 语句删除视图

使用 SQL 语句删除指定视图的语法格式如下。

```
DROP VIEW [IF EXISTS] 视图名;
```

【示例 5】

创建视图显示学生编号、学生姓名和电话。

关键代码：

```
DROP VIEW IF EXISTS `view_student`;
   CREATE VIEW `view_student`
   AS
   SELECT `studentNo`,`studentName`,`phone` FROM `student`;
```

创建视图后，如何利用它实现对数据库数据的访问呢？

（3）使用 SQL 语句查看视图数据

使用 SQL 语句查看视图数据的语法格式如下。

```
SELECT 字段 1, 字段 2, … FROM view_name;
```

使用查询语句 SELECT 查询视图，即可获得数据结果集。

【示例 6】

使用 SQL 语句为教师创建查看"Logic Java"课程最近一次考试成绩的视图，并通过视图获得查询结果。

关键代码：

```
/*-- 当前数据库 --*/
USE myschool;
 /*--检测视图是否存在，如存在则删除--*/
```

```
DROP VIEW IF EXISTS `view_student_result`;

/*--创建视图--*/
CREATE VIEW `view_student_result`
AS
    SELECT `studentName` AS 姓名,`student`.`studentNo`AS 学号,
`studentResult` AS 成绩,
    `subjectName` AS 课程名称,`examDate` AS 考试日期
    FROM `student`
    INNER JOIN `result` ON `student`.`studentNo` = `result`.
`studentNo`
    INNER JOIN `subject` ON `result`.`subjectNo` = `subject`.
`subjectNo`
    WHERE `subject`.`subjectNo` = (
        SELECT `subjectNo` FROM `subject` WHERE `subjectName`=
'Logic Java' )
    AND `examDate` = (
        SELECT MAX(`examDate`) FROM `result`,`subject`
        WHERE `result`.`subjectNo` = `subject`.`subjectNo`
            AND `subjectName`='Logic Java'  );

/*--查看视图结果--*/
SELECT * FROM 'view_student_result';
```

示例 6 代码的运行结果如图 7.6 所示。

姓名	学号	成绩	课程名称	考试日期
▶ 李文才	10001	90	Logic Java	2019-07-18 22:25:51
李斯文	10002	70	Logic Java	2019-07-18 22:25:51
张萍	10003	67	Logic Java	2019-07-18 22:25:51

图7.6 学生参加"Logic Java"课程最近一次考试的成绩

（4）使用视图的注意事项

① 每个视图中可以使用多个表。

② 与查询类似，一个视图可以嵌套另一个视图，但嵌套最好不要超过 3 层。

③ 对视图数据进行添加、更新和删除操作，会直接影响原表中的数据。

④ 当视图数据来自多个表时，不允许添加和删除数据。

说明

从一个或多个表或视图中导出的虚拟表，其结构和数据是建立在对表的查询基础上的。理论上它可以像普通的物理表一样使用，如增加、删除、修改和查询数据等。利用视图更新数据实际上是对数据库中的原始数据表进行更新操作。因此使用视图更新数据库数据会有许多限制，所以一般在实际开发中视图仅用作查询。

Chapter 7

知识扩展

对视图和表中的数据进行查询、删除、更新等操作很类似，那么如何区分视图和表？在 MySQL 数据库安装成功后，会自动创建系统数据库 information_schema，在该数据库中存在一个包含视图信息的表 views，可以通过 views 来查看所有视图的相关信息。SQL 语句如下。

```
USE information_schema;
SELECT * FROM views\G;
```

查询结果如图 7.7 所示。

图7.7　查询所有视图

上机练习3　查看学生各课程考试的平均成绩

统计每个学生所参加考试课程的平均成绩，结果如图 7.8 所示。

学生姓名	课程名	平均成绩
郭靖	Logic Java	71.0000
郭靖	HTML	60.0000
李文才	Logic Java	68.0000
李斯文	Logic Java	76.5000
李斯文	HTML	78.0000
张萍	Logic Java	67.0000
韩秋洁	Logic Java	60.0000
韩秋洁	HTML	51.0000
张秋丽	Logic Java	95.0000
肖梅	Logic Java	93.0000
秦洋	Logic Java	23.0000
秦洋	Java OOP	90.0000
王宝宝	Java OOP	78.0000

图7.8　学生各课程考试的平均成绩

提示

（1）创建视图，实现查询学生参加考试课程的平均成绩。

（2）编码查看视图的运行结果。

7.3 任务 3：创建数据表索引

任务目标

❖ 了解什么是索引及何时需要创建索引。

❖ 了解索引的分类。

❖ 会创建、删除和查看索引。

索引提供指针以指向存储在表中指定列的数据值，再根据指定的排序次序排列这些指针。数据库使用索引的方式与书籍中使用的目录很相似：通过搜索索引找到特定的值，再跟随指针到达包含该值的行。

7.3.1 索引的概念

数据库中的索引与书籍中的目录类似，在一本书中，利用目录可以快速查找所需信息，无须阅读整本书。在数据库中，索引使数据库程序无须对整个表进行扫描，就可以在其中找到所需数据。书中的目录是一个词语列表，其中注明了包含各个词的页码。在数据库中，由于数据存储在数据表中，因此索引是创建在数据库表对象上的，由表中的一个字段或多个字段生成的键组成，这些键存储在数据结构 B-树或哈希表中，通过 MySQL 可以快速有效地查找与键值相关联的字段。根据索引的存储类型的不同，索引可分为 B-树索引（BTREE）和哈希索引（HASH）。InnoDB 和 MyISAM 存储引擎支持 B-树索引。

索引的作用是大大提高数据库的检索速度，改善数据库性能。

7.3.2 索引的分类

MySQL 中常用的索引有以下 6 类。

（1）普通索引。普通索引是 MySQL 中的基本索引类型，允许在定义索引的列中插入重复值和空值。它的唯一任务是加快对数据的访问速度。因此，一般只为那些最常出现在查询条件（WHERE）或排序条件（ORDER BY）中的数据列创建索引。

索引

（2）唯一索引。唯一索引不允许两行具有相同的索引值。如果现有数据中存在重复的键值，则一般情况下多数数据库都不允许创建唯一索引。若已创建了唯一索引，则当插入的新数据使表中的键值重复时，数据库将拒绝接收此数据。例如，如果在 trainee 表中实习生的身份证号（identity_card）列上创建了唯一索引，则所有实习生的身份证号不能重复。创建了唯一索引的列允许有空值。

> **提示**
>
> 　　若在数据库中创建了唯一约束，则将自动创建唯一索引。尽管唯一索引有助于找到信息，但为了获得最佳性能，仍建议使用主键约束。

　　（3）主键索引。在数据库中为表定义主键时将自动创建主键索引，主键索引是唯一索引的特殊类型。主键索引要求主键中的每个值都是非空、唯一的。当在查询中使用主键索引时，它还允许快速访问数据。

　　（4）复合索引。在创建索引时，并不是只能对其中一列创建索引，与创建主键一样，可以将多个列组合作为索引，这种索引称为复合索引。需要注意的是，只有在查询中使用了组合索引最左边的字段，索引才会被使用，即第一个字段作为前缀的集合。

　　（5）全文索引。全文索引的作用是在定义索引的列上支持值的全文查找，允许在这些索引列中插入重复值和空值。全文索引可以在 CHAR、VARCHAR 或 TEXT 类型的列上创建，主要用于在大量文本文字中搜索字符串，此时使用全文索引的效率将大大高于使用 SQL 的 LIKE 关键字的效率。

　　（6）空间索引。空间索引是对空间数据类型的列建立的索引，如 GEOMETRY、POINT 等。创建空间索引的列，必须将其声明为 NOT NULL。

7.3.3　创建索引

　　使用 CREATE INDEX 语句可以在已经存在的表上创建索引，基本语法格式如下。

```
CREATE [UNIQUE|FULLTEXT|SPATIAL] INDEX index_name
ON table_name (column_name[length]…)
```

　　其中，主要参数的含义如下。

- UNIQUE|FULLTEXT|SPATIAL：分别表示唯一索引、全文索引和空间索引，为可选参数。
- index_name：指定索引名。
- table_name：指定创建索引的表名。
- column_name：指定需要创建索引的列。
- length：指定索引长度，为可选参数，只有字符串类型才能指定索引长度。

7.3.4　删除索引

　　删除索引的语法格式如下。

```
DROP INDEX [indexName] ON table_name;
```

　　关于索引的删除需要注意以下两点。

　　（1）删除表时，该表的所有索引将同时被删除。

　　（2）删除表中的列时，如果要删除的列是索引的组成部分，则该列会从索引中删除。如果组成索引的所有列都被删除，则整个索引将被删除。

【示例 7】

为 myschool 数据库中的 student 表创建索引。

分析如下。

通常情况下，我们会按姓名查询学生的信息。为了加快查询速度，需要在 student 表的学生姓名列创建索引。由于 student 表中 studentNo 列已经被设置为主键，且可能存在学生姓名相同的情况，因此为学生姓名创建的索引是普通索引。创建索引的 SQL 语句如下所示。

关键代码：

```
USE myschool;
CREATE INDEX `index_student_studentName`
ON `student` (`studentName`);
```

使用索引可加快数据检索速度，但没有必要为每个列都建立索引。因为索引自身也需要维护，并占用一定的资源，可以按照下列标准选择建立索引的列。

（1）频繁搜索的列。

（2）经常用作查询选择条件的列。

（3）经常排序、分组的列。

（4）经常用作连接的列（主键/外键）。

请不要使用下面的列创建索引。

（1）仅包含几个不同值的列。

（2）表中仅包含几行。

为小型表创建索引可能不太实用，因为在索引中搜索数据所花的时间比在表中逐行搜索所花的时间更长。

 经验

在 SQL 语句中，特别是在 SELECT 语句中正确使用索引可以大大提高查询速度，从而提升应用程序的运行性能。作为一名软件工程师在编写和调试 SQL 语句时，要具有优化 SQL 语句的意识。下面的几条经验在实际工作中可供参考。

（1）查询时减少使用 "*" 返回全部列，不要返回不需要的列。

（2）索引应该尽量小，最好在字节数小的列上建立索引。

（3）当 WHERE 子句中有多个条件表达式时，包含索引列的表达式应置于其他条件表达式之前。

（4）避免在 ORDER BY 子句中使用表达式。

（5）根据业务数据发生频率，定期重新生成或重新组织索引，进行碎片整理。

7.3.5 查看索引

在 MySQL 中，可以使用 SHOW INDEX 语句查看已创建的索引。语法格式如下。

```
SHOW INDEX FROM table_name;
```

【示例 8】

查看学生表中索引信息。

关键代码：

```
SHOW INDEX FROM `student`\G;
```

运行结果如图 7.9 所示。

图7.9　查看学生表中索引信息

从图 7.9 中可以看出，学生表中有三个索引：主键索引和普通索引。其中各主要参数的含义如下。

- Table：表示创建索引的表。
- Non_unique：表示索引是否唯一，1 代表非唯一索引，0 代表唯一索引。
- Key_name：表示索引的名称。
- Seq_in_index：表示该列在索引中的位置，如果索引是单列的，该值为 1，组合索引为每列在索引定义中的顺序。
- Column_name：表示定义索引的列字段。
- Sub_part：表示索引的长度。

- Null：表示该列是否能为空值。
- Index_type：表示索引类型。

提示

在查询语句后加 "\G"，表示将结果集按列显示。这个功能在表中列较多，需要看表中各列的值时非常有用。

上机练习 4　创建学生表和成绩表索引并查看索引

为提高以下查询的速度，请为学生表和成绩表添加合适的索引，并使用 SHOW INDEX 语句查看所创建的索引。

- 按学生姓名和年级编号组合查询。
- 学生身份证号是唯一的。
- 按成绩区间范围查找学生考试信息。

提示

在存储类型为 InnoDB 的表中，经常使用唯一索引、普通索引、组合索引来提高查询效率。

7.4 任务 4：掌握数据库的备份和恢复

任务目标

❖ 会使用命令备份和恢复数据库。
❖ 会将表数据导出到文本文件。
❖ 会将文本文件导入数据库。

在任何数据库环境中，计算机系统的各种软硬件故障或者由于人为误操作而导致的数据损害都是很难避免的，为了防止数据丢失，将损失降到最低，定期对数据库进行备份是非常有必要的，备份后可以在发生意外情况后及时恢复数据。

7.4.1　使用 mysqldump 命令备份数据库

mysqldump 是 MySQL 中一个常用的备份命令，执行此命令会将包含数据的表结构和数据内容转换成相应的 CREATE 语句和 INSERT INTO 语句保存在文本文件中，将来如果需要还原数据，执行该文本文件中的 SQL 语句即可。

（1）mysqldump 命令

```
mysqldump -u username -h host-p[password] dbname[tbname1[,tbname2…]]>
filename.sql
```

其中，各主要参数的含义如下。

- username：表示用户名。
- host：表示登录用户的主机名称，如本机为主机可省略。
- password：表示登录密码。
- dbname：表示需要备份的数据库。
- tbname：表示需要备份的数据表，可指定多张表，为可选项，如备份整个数据库则此项省略。
- filename.sql：表示备份文件的名称。

!注意

　　mysqldump 命令中 "-p[password]" 用于指定连接 MySQL 服务器的登录密码。这里 "-p" 与其后面的密码之间不能有空格，并且输入的密码是明文形式。如果未指定密码选项，则默认为不发送密码，mysqldump 之后将提示用户输入密码（此时密码为密文形式显示）。为了安全考虑，推荐用户在 mysqldump 命令中不要指定密码，如果用户在 mysqldump 命令中直接指定密码，则执行后系统也会给出一条警告信息 "mysqldump: [Warning] Using a password on the command line interface can be insecure"。

【示例 9】

使用 root 账户登录 MySQL 服务器，备份 myschool 数据库下的 student 表。
关键代码：

```
mysqldump -u root -p myschool student > C:\backup\student_20190719.sql
Enter password: ******
```

运行结果如图 7.10 所示。

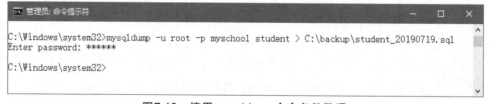

图7.10　使用mysqldump命令备份数据

mysqldump 是 DOS 系统下的命令，在使用时无须进入 MySQL 命令行，否则将无法执行。

运行示例 9 中的代码后，将在指定目录下生成备份文件 student_20190719.sql，该文件中的具体内容如下。

```
-- MySQL dump 10.13  Distrib 5.7.26, for Win64 (x86_64)
--
-- Host: localhost    Database: myschool
```

```
-- ------------------------------------------------------------
-- Server version 5.7.26-log

/*!40101 SET @OLD_CHARACTER_SET_CLIENT=@@CHARACTER_SET_CLIENT */;
/*!40101 SET @OLD_CHARACTER_SET_RESULTS=@@CHARACTER_SET_RESULTS */;
/*!40101 SET @OLD_COLLATION_CONNECTION=@@COLLATION_CONNECTION */;
/*!40101 SET NAMES utf8 */;
/*!40103 SET @OLD_TIME_ZONE=@@TIME_ZONE */;
/*!40103 SET TIME_ZONE='+00:00' */;
/*!40014 SET @OLD_UNIQUE_CHECKS=@@UNIQUE_CHECKS, UNIQUE_CHECKS=0 */;
/*!40014 SET @OLD_FOREIGN_KEY_CHECKS=@@FOREIGN_KEY_CHECKS, FOREIGN_
KEY_CHECKS=0 */;
/*!40101 SET @OLD_SQL_MODE=@@SQL_MODE, SQL_MODE='NO_AUTO_VALUE_ON_
ZERO' */;
/*!40111 SET @OLD_SQL_NOTES=@@SQL_NOTES, SQL_NOTES=0 */;


--
-- Table structure for table 'student'
--

DROP TABLE IF EXISTS `student`;
/*!40101 SET @saved_cs_client = @@character_set_client */;
/*!40101 SET character_set_client = utf8 */;
CREATE TABLE `student` (
  `studentNo` int(4) NOT NULL DEFAULT '1' COMMENT '学号',
  `loginPwd` varchar(20) NOT NULL COMMENT '密码',
  `studentName` varchar(50) NOT NULL COMMENT '学生姓名',
  `sex`char(2) NOT NULL DEFAULT '男' COMMENT '性别',
  `gradeId` int(4) unsigned DEFAULT NULL COMMENT '年级编号',
  `phone` varchar(50) DEFAULT NULL COMMENT '联系电话',
  `address` varchar(255) DEFAULT NULL COMMENT '地址',
  `birthday` datetime DEFAULT NULL COMMENT '出生时间',
  `email` varchar(50) DEFAULT NULL COMMENT '邮件账号',
  `identityCard` varchar(18) DEFAULT NULL COMMENT '身份证号码',
  PRIMARY KEY (`studentNo`),
  UNIQUE KEY `index_iden` (`identityCard`),
  KEY `fk_student_grade` (`gradeId`),
  KEY `index_student_studentName` (`studentName`),
  KEY `index_name_gradeId` (`studentName`,`gradeId`),
  CONSTRAINT `fk_student_grade` FOREIGN KEY (`gradeId`) REFERENCES
`grade` (`gradeId`)
) ENGINE=InnoDB DEFAULT CHARSET=utf8;
/*!40101 SET character_set_client = @saved_cs_client */;


--
-- Dumping data for table `student`
--
```

```
LOCK TABLES `student` WRITE;
/*!40000 ALTER TABLE `student` DISABLE KEYS */;
INSERT INTO `student` VALUES (10000,'123','郭靖','男',1,'13645667783',
'天津市河西区','1990-09-08 00:00:00',NULL,NULL),(10001,'123','李文才','男',
1,'13645667890','地址不详','1994-04-12 00:00:00',NULL,NULL),…;
/*!40000 ALTER TABLE 'student' ENABLE KEYS */;
UNLOCK TABLES;
/*!40103 SET TIME_ZONE=@OLD_TIME_ZONE */;

/*!40101 SET SQL_MODE=@OLD_SQL_MODE */;
/*!40014 SET FOREIGN_KEY_CHECKS=@OLD_FOREIGN_KEY_CHECKS */;
/*!40014 SET UNIQUE_CHECKS=@OLD_UNIQUE_CHECKS */;
/*!40101 SET CHARACTER_SET_CLIENT=@OLD_CHARACTER_SET_CLIENT */;
/*!40101 SET CHARACTER_SET_RESULTS=@OLD_CHARACTER_SET_RESULTS */;
/*!40101 SET COLLATION_CONNECTION=@OLD_COLLATION_CONNECTION */;
/*!40111 SET SQL_NOTES=@OLD_SQL_NOTES */;

-- Dump completed on 2019-07-19 11:52:55
```

可以看到上述代码中包含两种注释信息。

① 以 "--" 开头：关于 SQL 语句的注释信息。

② 以 "/*!" 开头、"*/" 结尾：与 MySQL 服务器相关的注释信息。这些语句可以被 MySQL 执行，但在其他数据库管理系统中将被作为注释忽略，从而可以提高数据库的可移植性。

从备份文件中可以获取以下信息。

① 备份文件使用的 mysqldump 工具的版本号。

② 备份账户的名称和主机信息以及备份的数据库名称。

③ 服务器版本，这里是 MySQL 5.7.26。

④ SET 语句将当前系统变量的值赋给用户定义变量。

（2）mysqldump 的常用参数

mysqldump 还有一些其他参数可以用来定制备份过程，如表 7-1 所示。

表 7-1　mysqldump 的常用参数

参数	描述
-add-drop-table	在每个 CREATE TABLE 语句前添加 DROP TABLE 语句，默认是打开的，可以用-skip-add-drop-table 来取消
-add-locks	会在 INSERT 语句中捆绑一个 LOCK TABLE 和 UNLOCK TABLE 语句，防止记录再次导入时，其他用户对表进行操作，默认是打开的
-t 或-no-create-info	只导出数据，而不添加 CREATE TABLE 语句
-c 或--complete-insert	在每个 INSERT 语句的列上加上列名，在将数据导入另一个数据库时有用
-d 或--no-data	不写表的任何行信息，只转储表的结构

续表

参数	描述
-opt	速记参数，等同于指定如下参数项 --add-drop-tables--add-locking --create-option --disable-keys--extended-insert --lock-tables--quick --set-charset 它可以快速进行转储操作并产生一个能很快装入 MySQL 服务器的转储文件

提示

mysqldump 命令提供了许多参数，包括用于调试和压缩的参数，这里只列出部分常用参数，运行以下帮助命令可以获得当前版本的完整选项列表。

```
mysqldump --help
```

7.4.2 使用 mysql 命令恢复数据库

对于备份数据库后生成的包含有建库、建表、插入数据等 SQL 语句的文本文件，可以通过 mysql 命令还原到新的数据库中，实现数据库的恢复。该命令语法格式如下。

```
mysql -u username -p [dbname] < filename.sql>
```

其中，各主要参数的含义如下。

- username：表示用户名。
- dbname：表示数据库名。
- filename.sql：为执行数据库备份后生成的文件。

该命令执行成功后，备份文件中的语句将在指定的数据库中恢复原有数据。

注意

在执行该语句之前，必须在 MySQL 服务器中创建新数据库，如果不存在新数据库，恢复数据库过程将会出错。

【示例 10】

使用示例 9 中生成的 student_20190719.sql 文件，将 myschool 数据库中的 student 表信息恢复到 myschoolDB 数据库中。

关键代码：

```
mysql -u root -p myschoolDB <C:\backup\student_20190719.sql
```

在未创建 myschoolDB 数据库时执行以上语句将会报错，需要使用 CREATE 创建该数据库之后，再进行数据库恢复。

关键代码：

```
/*-- 创建数据库 --*/
CREATE DATABASE myschoolDB;
USE myschoolDB;
```

使用 CREATE 创建该数据库之后，恢复数据库执行成功，结果如图 7.11 所示。

图7.11　使用mysql命令恢复数据库

mysql 命令是 DOS 环境下的恢复数据库命令，如果已经登录了 MySQL 服务器，也可以使用 source 命令恢复数据库。语法格式如下。

```
source filename;
```

其中，filename 为数据库备份文件。

在执行 source 命令之前，同样需要先创建新数据库，并且使用 USE 语句选择该数据库，否则将会出现错误。

【示例 11】

使用 source 命令将 student_20190719.sql 备份到 myschoolDB2 中。

关键代码：

```
/*-- 创建数据库 --*/
CREATE DATABASE myschoolDB2;
USE myschoolDB2;
/*-- 恢复数据库 --*/
source C:\backup\student_20190719.sql
```

运行结果如图 7.12 所示。

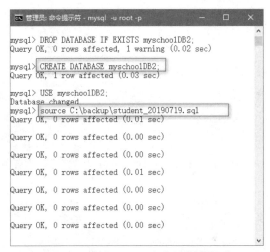

图7.12　使用source命令恢复数据库

7.4.3　通过复制文件实现数据备份和恢复

MySQL 服务器中的数据在磁盘中是以文件形式保存的，所以可以直接复制 MySQL 数据库的存储目录及文件进行备份。MySQL 默认的数据库文件存储目录在不同的操作系统下有所不同。在第 2 章的 2.1.2 节中介绍过可以通过 my.ini 查看本机数据库文件存储目录。以 Windows 10 操作系统为例，MySQL 数据文件的默认存储目录如下：

```
C:\ProgramData\MySQL\MySQL Server 5.7\Data
```

由于 MySQL 服务器的数据文件在服务运行期间总是处于打开和使用状态，这样会导致文件副本备份不一定总是有效。因此，在复制数据文件之前，需要先停止 MySQL 服务。这种操作虽然简单，但并不是最好的方法。一般情况下，MySQL 服务在使用过程中不允许被停止，并且这种方法对 InnoDB 存储引擎的表不适用。使用这种方法备份的数据最好还原到相同版本的服务器中，不同的版本可能不兼容。

 注意

　　在使用这种方法备份数据库时，为了保证所备份数据的完整性，在停止 MySQL 数据库服务器之前，需要先执行 FLUSH TABLES 语句将所有数据写入数据文件中。

7.4.4　表数据导出到文本文件

通过对表数据的导出和导入，可以实现在 MySQL 数据库服务器与其他数据库服务器间移动数据。数据导出操作是指将数据从 MySQL 数据表复制到文本文件。数据导出的方式有多种，这里主要介绍使用 SELECT…INTO OUTFILE 语句导出数据，其语法格式如下。

```
SELECT [field_name] FROM tablename
  [WHERE condition]
  INTO OUTFILE 'filename' [OPTION] ;
```

从上述语法中可以看出，该导出语句分成以下两部分。

（1）普通的数据查询语句，主要用来获取所要导出到文本文件中的数据。

（2）通过参数 filename 指定导出数据的目标文件。

【示例 12】

将成绩表中"Logic Java"课程的成绩信息导出到文本文件 result_Java.txt 中。

关键代码：

```
USE myschool;
SELECT * FROM `result` WHERE `subjectNo`=
(SELECT `subjectNo` FROM `subject` WHERE `subjectName` = 'Logic Java')
INTO OUTFILE
'C:/ProgramData/MySQL/MySQL Server 5.7/Uploads/result_Java.txt';
```

运行结果如图 7.13 所示。

```
管理员：命令提示符 - mysql -u root -p
mysql> SELECT * FROM `result` WHERE `subjectNo` = (SELECT `subjectNo` FROM `subject` WHERE
`subjectName` = 'Logic Java')
    -> INTO OUTFILE 'C:/ProgramData/MySQL/MySQL Server 5.7/Uploads/result_Java.txt';
Query OK, 10 rows affected (0.13 sec)

mysql>
```

图7.13　表数据导出到文本文件

 注意

MySQL 5.7 中，对数据导出的目录做了限制，默认导出目录必须和 secure-file-priv 设置得一致。因此，在导出数据之前，首先要查看 my.ini 文件，以确认 secure-file-priv 的默认值。用户可以通过修改 secure-file-priv 的值，将文件导出到自定义文件夹中。

打开 C:/ProgramData/MySQL/MySQL Server 5.7/Uploads/result_Java.txt 文件，其内容如图 7.14 所示。

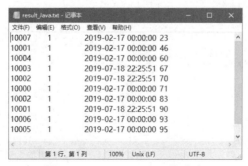

图7.14　result_Java.txt的内容

知识扩展

为使导出的文本文件可读性更好，可在 SELECT…INTO OUTFILE 语句后设置相应参数选项，常用参数选项如下。

（1）FIELDS TERMINATED BY 'string'：用来设置字段的分隔符为字符串对象（string），默认为 "\t"。

（2）FIELDS[OPTIONALLY] ENCLOSED BY 'char'：用来设置字段值的字符符号，如果使用了 OPTIONALLY，则只包括含有 CHAR 和 VARCHAR 等字符数据类型字段。默认情况下不使用任何符号。

（3）FIELDS ESCAPED BY 'char'：用来设置转义字符的字符符号，默认情况下使用 "\" 字符。

（4）LINES STARTING BY 'char'：用来设置每行开头的字符符号，默认情况下不使用任何符号。

（5）LINES TERMINATED BY 'string'：用来设置每行结束的字符符号，默认情况下使用 "\n" 字符串。

参考以上参数选项修改示例 12，若需设置导出文件的显示格式，每条数据记录为一行，每行数据记录以 ">" 开头，各数值使用引号（""）括起来，修改后的 SQL 语句如下。

```
USE myschool;
SELECT * FROM `result` WHERE `subjectNo`=
(SELECT `subjectNo' FROM `subject` WHERE `subjectName` = 'Logic Java')
INTO OUTFILE
'C:/ProgramData/MySQL/MySQL Server 5.7/Uploads/result_Java2.txt'
FIELDS
ENCLOSED BY '\"'
LINES STARTING BY '\>'
TERMINATED BY '\r\n';
```

设置显示格式后的文本文件 result_Java.txt 的内容如图 7.15 所示。

图 7.15　设置显示格式后的result_Java.txt的内容

7.4.5 文本文件导入数据表

所谓导入操作，是指将数据从文本文件加载到 MySQL 数据库表里。同样，导入数据的方式也有多种。本节介绍使用 LOAD DATA INFILE 语句实现数据的导入，语法格式如下。

```
LOAD DATA INFILE filename INTO TABLE tablename [OPTION] ;
```

其中，主要参数含义如下。

- filename：用来指定文本文件的路径和文件名。
- tablename：用来指定导入表的名称。

【示例 13】

将示例 12 生成的文本文件导入 myschoolDB 的 result 表中。

分析如下。

在导入数据之前，先创建 result 表结构。

关键代码：

```
USE myschoolDB;
/*-- 创建 result 表结构 --*/
CREATE TABLE `result` (
`studentNo` INT(4) NOT NULL COMMENT ' 学号 ',
`subjectNo` INT(4) NOT NULL COMMENT ' 课程编号 ',
`examDate` DATETIME NOT NULL COMMENT ' 考试日期 ',
`studentResult` INT(4) NOT NULL COMMENT ' 考试成绩 ',
PRIMARY KEY (`studentNo`,`subjectNo`,`examDate`)
) ENGINE=INNODB DEFAULT CHARSET=utf8;


/*-- 导入数据 --*/
LOAD DATA INFILE 'C:/ProgramData/MySQL/MySQL Server 5.7/Uploads/
result_Java.txt' INTO TABLE result;
/*-- 查看 result 表数据 --*/
SELECT * FROM result;
```

 知识扩展

如果在导出文件中使用了参数选项改变了显示格式，那么导入数据时同样需要设置相应参数。常用参数选项与使用 SELECT…INTO OUTFILE 导入数据的参数对应，例如：

```
/*-- 删除 result 表数据， 保证是空表 --*/
DELETE from result;
/*-- 导入数据 --*/
LOAD DATA INFILE
'C:/ProgramData/MySQL/MySQL Server 5.7/Uploads/result_Java2.txt'
INTO TABLE 'result'
```

```
FIELDS
ENCLOSED BY '\"'
LINES STARTING BY '\>'
TERMINATED BY '\r\n';
```

上机练习 5　备份并恢复 myschool 数据库

（1）使用 mysqldump 命令将 myschool 数据库中的学生表 student、成绩表 result 备份到文件 d:\ex\myschool_xxxxxxxx.sql 中（文件名末尾 8 位数字为备份日期，如 myschool_20190719.sql）。

（2）使用 mysql 命令和 source 命令两种方式恢复学生表、成绩表到 schoolDB 数据库。

上机练习 6　导出并导入课程表数据

（1）使用 SELECT…INTO OUTFILE 语句导出课程表（subject）中的记录，导出文件名为 subject_out.txt。

（2）使用 LOAD DATA INFILE 语句导入 subject_out.txt 中的数据到 schoolDB 数据库。

本章小结

1．事务是一种机制、一个操作序列，它包含一组数据库操作命令，并且把所有的命令作为一个整体一起向系统提交或撤消操作请求。

2．数据库事务具有的 ACID 特性：原子性、一致性、隔离性和持久性。

3．使用下列语句来管理事务。

（1）BEGIN 或 START TRANSACTION（开始事务）。

（2）COMMIT（提交事务）。

（3）ROLLBACK（回滚事务）。

（4）或者使用 SET autocommit = 0 设置关闭自动提交模式，进行事务提交或回滚后，再使用 SET autocommit=1 开启自动提交。

4．视图是一种查看数据库中一个或多个表的数据的方法。它是一种虚拟表，通常是作为执行查询的结果而创建的。视图充当查询中指定表的筛选器角色。使用 CREATE VIEW 语句创建视图；使用 SELECT 语句查看视图的查询结果。

5．建立索引有助于快速检索数据，索引分为普通索引、唯一索引、主键索引、复合索引、全文索引、空间索引 6 种类型。

6．常用的数据库备份方式如下。

（1）使用 mysqldump 命令备份数据库。

（2）使用 mysql 命令恢复数据库。

（3）通过复制文件实现数据备份和恢复。

7. 表数据的导出和导入方法如下。

（1）使用 SELECT…INTO OUTFILE 语句实现表数据的导出。

（2）使用 LOAD DATA INFILE…INTO 语句实现表数据的导入。

本章练习

1. 简述事务的 4 个特性。

2. 简述视图与数据库原始表的关系。

3. 完善第 6 章练习 4，为实现图书借阅功能的存储过程增加事务处理。

4. 完善第 6 章练习 5，为实现图书归还功能的存储过程增加事务处理。

5. 在图书馆日常工作中，图书馆管理员希望及时得到最新的到期图书清单，包括图书名称、到期日期和读者姓名等信息；而读者则关心各种图书信息，如图书名称、馆存量和可借阅数量等。请按上面的需求编写代码，在图书名称字段创建索引，为图书馆管理员和读者分别创建不同的查询视图，并利用所创建的索引和视图获得相关的数据。

提示

（1）使用子查询获得已借出图书的数量。

（2）可借阅数量=馆存量-已借出数量。

6. 因数据库服务器变更，需将图书馆数据库转移、备份到新数据库 libraryDB 中，并将读者信息和图书信息保存到文本文件，请实现数据库的备份、恢复和数据导出操作。

说明

本章练习的第 3~6 题要用到第 2 章练习中创建的图书馆管理系统数据库。

第 8 章

数据库规范化设计

技能目标

❖ 了解数据库设计的步骤。
❖ 掌握如何绘制数据库的 E-R 图。
❖ 掌握如何绘制数据库的模型图。
❖ 能够使用三大范式实现数据库设计规范化。

本章任务

❖ 完成指定数据库的设计。

8.1 规范化数据库设计的重要性

本章主要介绍为什么需要规范化的数据库设计及数据库的设计步骤。在需求分析阶段，需要捕获客户的需求，收集相关的业务数据，了解数据处理过程。在概要设计阶段，需要标识出各种实体、属性及实体之间的关系，绘制出数据库的 E-R 图，并与客户交流和沟通，反复进行修改和确认。在详细设计阶段，需要进行数据库的逻辑设计，将 E-R 图转换为表，并应用三大范式进行审核，使数据库的设计规范化。

也许有的读者会有疑问，在前几章的项目开发和技能训练中，我们根据业务需求，可直接创建数据库、创建表和插入测试数据，然后查询数据。为什么现在要强调先设计再创建数据库、创建表呢？原因非常简单，正如建造建筑物一样，如果盖一间茅屋或一间简易平房，会有人花钱请人设计房屋图样吗？毫无疑问，没人请。但是，如果是房地产开发商开发一个楼盘，修建多幢楼的居住小区，会请人设计施工图样吗？答案是肯定的，不但开发商会考虑设计施工图样，甚至很多专业的购房者也会在看房时要求开发商出示设计图样。

规范化
数据库设计

同样的道理，在实际的项目开发中，如果系统的数据存储量较大，设计的表比较多，表和表之间的关系比较复杂，首先就需要进行规范化的数据库设计，然后进行具体的创建数据库的工作。无论是创建动态网站，还是创建桌面窗口应用程序，数据库设计的重要性都不言而喻。如果设计不当，会存在数据操作异常、修改复杂、数据冗余等问题，程序性能也会受到影响。通过进行规范化的数据库设计，可以消除不必要的数据冗余，获得合理的数据库结构，提高项目的应用性能。

1. 数据库设计的含义

数据库设计就是将应用中涉及的数据实体及这些数据实体之间的关系，进行规范化和结构化的过程。

图 8.1 所示为学生信息数据库的结构，该数据库包含学生及其成绩信息。图 8.1 中还显示了 Student（学生）、Grade（年级）、Subject（课程）及 Result（成绩）4 个数据实体之间的关系。

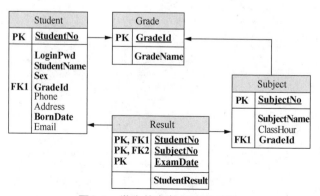

图8.1　学生信息数据库的结构

2. 数据库设计非常重要

数据库中创建的数据结构的种类，以及在数据实体之间建立的关系是决定数据库系统效率的重要因素。糟糕的数据库设计表现在以下两个方面。

（1）效率低下。

（2）更新和检索数据时会出现许多问题。

良好的数据库设计表现在以下 3 个方面。

（1）效率高。

（2）便于进一步扩展。

（3）使应用程序的开发变得更容易。

8.2　数据库设计的步骤

通过前面内容的学习，相信大家对项目的开发有了一个整体上的认识，项目开发需要经过需求分析、概要设计、详细设计、代码编写、运行测试和部署上线几个阶段。下面重点讨论在各个阶段中数据库的设计过程。

（1）需求分析阶段：分析客户的业务和数据处理需求。

（2）概要设计阶段：绘制数据库的 E-R 图，用于在项目团队内部、设计人员和客户之间进行沟通，确认需求信息的正确性和完整性。

（3）详细设计阶段：将 E-R 图转换为多张表，进行逻辑设计，确认各表的主、外键，并应用数据库设计的三大范式进行审核。经项目组开会讨论确定后，还需根据项目的技术实现、团队开发能力及项目的成本预算，选择具体的数据库（如 MySQL 或 Oracle 等）进行物理实现。

以上步骤完成后，开始进入代码编写阶段开发应用程序。现在讨论在需求分析阶段对后台数据库的分析。

需求分析阶段的重点是调查、收集并分析客户业务的数据需求、处理需求、安全性与完整性需求。

常用的需求调研方法包括在客户的公司跟班实习、组织召开调查会、邀请专人介绍、设计调查表并请用户填写和查阅与业务相关的数据记录等。

常用的需求分析方法包括调查客户的公司组织情况、各部门的业务需求情况、协助客户分析系统的各种业务需求和确定新系统的边界。

无论数据库的大小和复杂程度如何，在进行数据库的系统分析时，都可以参考下列基本步骤。

1. 收集信息

创建数据库之前，设计人员必须充分理解数据库需要完成的任务和功能。简单地说，就是需要了解数据库需要存储哪些信息（数据）、实现哪些功能。以酒店管理系统为例，我们需要了解酒店管理系统的具体功能，以及在后台数据库中保存的数据，如以下需求。

（1）酒店为客人准备充足的客房，后台数据库需要存放每间客房的信息，如客房号、客房类型、价格等。

（2）客人在酒店入住时要办理入住手续，后台数据库需要存放客人的相关信息，如客人姓名、身份证号等。

2. 标识实体

在收集需求信息后，必须标识数据库要管理的关键对象或实体。我们前面曾经学习过对象的概念，实体可以是有形的事物，如人或产品；也可以是无形的事物，如商业交易、公司部门或发薪周期。在系统中标识这些实体以后，与它们相关的实体就会条理清楚。以酒店管理系统为例，需要标识出系统中的主要实体如下所示。

（1）客房：单人间、标准间、三人间、豪华间和总统套房。

（2）客人：入住酒店客人的个人信息。

注意

> 实体一般是名词，一个实体只描述一件事情，不能重复出现含义相同的实体。

数据库中的每个实体都拥有一个与其相对应的表，按照上例酒店管理系统的需求，在酒店管理系统数据库中会对应至少两张表，分别是客房表和客人表。

3. 标识每个实体需要存储的详细信息

将数据库中的主要实体标识为表的候选实体以后，就要标识每个实体存储的详细信息，也称为该实体的属性。这些属性将组成表中的列。简单地说，就是需要细分出每个实体中包含的子成员信息。下面以酒店管理系统为例，逐步分解每个实体的子成员信息，酒店管理系统两个实体的信息如图 8.2 所示。

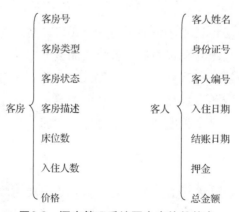

图8.2 酒店管理系统两个实体的信息

注意

在进行实体属性分解时，含义相同的成员信息不能重复出现，如联系方式、电话等。

每个实体对应一张表，实体中的每个子成员对应表中的一列。例如，从上述的关系可以看出客人应该包含姓名和身份证号等列。

4. 标识实体之间的关系

关系数据库有一项非常强大的功能，即它能够关联数据库中各个项目的相关信息。不同类型的信息可以单独存储，数据库引擎还可以根据需要将数据组合起来。在数据库设计过程中，要标识实体之间的关系，首先需要分析数据库表，确定这些表在逻辑上是如何相关的，然后添加关系列建立起表之间的连接。以酒店管理系统为例，客房与客人有主从关系，我们需要在客人实体中标明其入住的客房号。

上机练习 1　标识员工晋级业务的实体

（1）在企业中，每位员工都隶属于企业的一个部门，都有一个对应的岗位。假设每个部门设置多个不同的岗位，每个岗位可以安排多个员工。为了激励员工为企业做出更大的贡献，企业会定期给优秀员工加薪、晋级作为奖励，以提高其工作的积极性，保障员工队伍的稳定性。企业将会保存每位员工每次晋级的记录。表 8-1 为员工信息表，给出了该企业员工的基本信息。

表 8-1　员工信息表

员工编号	姓名	入职日期	岗位	部门	晋级日期
1001	Mark	2010-12-1	部门经理	办公室	
1002	玛丽	2015-5-12	秘书	办公室	2015-12-30
1003	Sunny	2015-7-7	会计	财务处	2015-12-30
1004	欧阳峰	2012-12-1	出纳	财务处	
1005	John	2012-12-15	部门经理	财务处	2014-12-30
1007	张三丰	2012-12-20	销售	销售部	
1008	雷桐	2003-5-3	设计师	开发部	2015-12-30
1010	肖洪	2003-5-10	程序员	开发部	
1012	玛丽亚	2015-12-20	秘书	办公室	
1014	刘燕	2003-5-11	程序员	开发部	
1015	赵钢	2013-5-1	出纳	财务处	

（2）要求根据上述需求，寻找并标识员工晋级业务中实体、实体的属性，以及实体之间的关系。

提示

（1）收集信息。

在确定客户要做什么之后，收集一切相关的信息，尽量不遗漏任何信息。

（2）标识实体，其原则如下。

① 实体一般是名词。

② 每个实体只描述一件事情。

③ 不能重复出现含义相同的实体。

（3）标识每个实体的属性。

① 标识每个实体需要存储的详细信息。

② 标识实体之间的关系。

8.3 绘制 E-R 图

在需求分析阶段了解了客户的业务和数据处理需求后，就进入了概要设计阶段。我们需要和项目团队的其他成员及客户沟通，讨论数据库的设计是否满足客户的业务和数据处理需求。和机械行业需要机械制图、建筑行业需要施工图一样，数据库设计也需要图形化的表达方式——E-R（Entity-Relationship）图，也称为实体—关系图。它包括一些具有特定含义的图形符号，下面将介绍相关理论和具体的图形符号。

1. 实体—关系模型

实体—关系模型通常使用 E-R 图的形式来描述。

（1）实体

所谓实体就是指现实世界中具有区分其他事物的特征或属性并与其他事物有联系的事物。例如，酒店管理系统中的客房（如 1008 客房、1018 客房等）、客人（如张三、李四、王五等）等。

实体一般是名词，对应表中的一行数据。例如，张三用户是一个实体，他对应于客人表中"张三"所在的一行数据，包括客人姓名、身份证号等信息。严格地说，实体指表中一行特定数据，但在开发时，我们也常常把整个表称为一个实体。

（2）属性

属性可以理解为实体的特征。例如，"客人"这一实体的属性有入住日期、结账日期和交付的押金等。属性对应表中的列。

（3）联系

联系是指两个或多个实体之间的关联关系。

图 8.3 所示为客人实体和客房实体之间的联系。实体用矩形表示，一般是名词；属性用椭圆形表示，一般也是名词；联系用菱形表示，一般是动词。

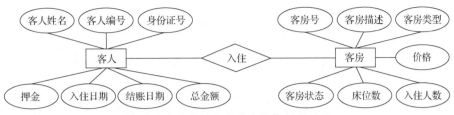

图8.3　客人实体和客房实体之间的联系

（4）映射基数

映射基数表示通过联系与该实体关联的其他实体的个数。对于实体集 X 和 Y 之间的二元关系，映射基数必须为下列基数之一。

- 一对一。X 中的一个实体最多与 Y 中的一个实体关联，并且 Y 中的一个实体最多与 X 中的一个实体关联。假定每辆汽车同一时刻只能占用一个车位，同一时刻每个车位也只停放一辆汽车，那么，汽车实体和车位实体之间就是一对一的关系。一对一关系表示为 1∶1。

- 一对多。X 中的一个实体可以与 Y 中任意数量的实体关联，Y 中的一个实体最多与 X 中的一个实体关联。一个客房可以入住多位客人，一位客人只能入住一个客房，所以，客房实体和客人实体之间就是典型的一对多关系。一对多关系表示为 1∶N。

- 多对一。X 中的一个实体最多与 Y 中的一个实体关联，Y 中的一个实体可以与 X 中的任意数量的实体关联。客房实体和客人实体之间是典型的一对多关系，反过来说，客人实体和客房实体之间就是多对一的关系。多对一关系表示为 N∶1。

- 多对多。X 中的一个实体可以与 Y 中的任意数量的实体关联，反之亦然。例如，图书馆的每本图书可以借给多个读者，每个读者可以借阅多本书，那么，图书实体和读者实体之间就是典型的多对多关系。再如，产品和订单之间也是多对多关系，每个订单中可以包含多个产品，一个产品可能出现在多个订单中。多对多关系表示为 M∶N。

（5）实体关系图

E-R 图以图形的方式将数据库的整个逻辑结构表示出来，E-R 图由以下几部分组成。

① 矩形表示实体集。

② 椭圆形表示属性。

③ 菱形表示联系集。

④ 直线用来连接属性和实体集，也用来连接实体集和联系集。

在 E-R 图中，直线可以是有向的（在末端有一个箭头），用来表示联系集的映射基数，图 8.4 所示为客户与账户的 E-R 图。图 8.4 的示例表示了可以通过联系与一个实体相关联的其他实体的个数。箭头的定位很简单，可以将其视为指向引用的实体。

① 1∶1。每个客户（customer）最多有一个账户（account），并且每个账户最多归一个客户所有。

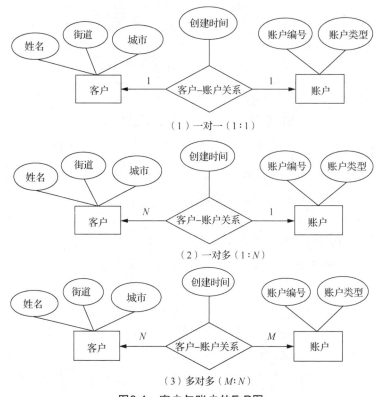

图8.4　客户与账户的E-R图

② 1：N。每个客户可以有任意数量的账户，但每个账户最多归一个客户所有。

③ M：N。每个客户可以有任意数量的账户，每个账户可以归任意数量的客户所有。

根据 E-R 图的各种符号，可以绘制酒店管理系统的 E-R 图，如图 8.5 所示。

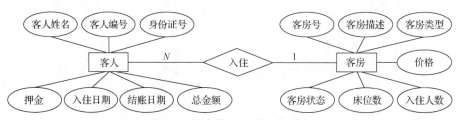

图8.5　酒店管理系统的E-R图

绘制 E-R 图后，还需要反复与客户进行沟通，让客户提出修改意见，以确认系统中的数据处理需求是否正确完整。

2. 关系数据库模式

用二维表的形式表示实体和实体间联系的数据模型称为关系模型。关系数据库模式是对关系数据库结构的描述，或者是对关系数据库框架的描述。一个关系通常对应一张表。一般情况下，把关系模式表示为如下形式。

```
R(U) 或者 R(A,B)
```

其中，R 表示关系名，U 表示属性集合，A、B 代表 U 中的属性。将 E-R 图转换为关系模式的步骤如下。

（1）把每个实体都转化为关系模式 R(A,B)形式

以酒店管理系统为例，实体"客人"和"客房"可以分别使用关系模式表示如下。

① 客房(客房号,客房描述,客房类型,客房状态,床位数,入住人数,价格)。

② 客人(客人编号,客人姓名,身份证号,入住日期,结账日期,押金,总金额)。

（2）建立实体间联系的转换

实体间的联系分成一对一、一对多、多对多 3 种，当两个实体各自转化为关系模式后，实体间联系的转换如下。

① 一对一的转换：把任意实体的主键放到另一个实体的关系模式中。

② 一对多的转换：把联系数量为 1 的实体的主键放到联系数量为 N 的实体关系模式中。

③ 多对多的转换：把两个实体中的主键和联系的属性放到另一个关系模式中，注意多生成一个关系模式。

酒店管理系统中客房与客人的关系为一对多关系，转换后的结果如下。

客房(客房号，客房描述，客房类型，客房状态，床位数，入住人数，价格)。

客人(客人编号，客人姓名，身份证号，入住日期，结账日期，押金，总金额，**客房号**)。

上述关系模式中含有下画线的属性代表主属性，在表中作为主键，加粗的属性为外键，将在后续章节进行详细介绍。

8.4　绘制数据库模型图

在概要设计阶段，了解了客户的需求，并绘制了 E-R 图。在后续的详细设计阶段，我们需要把 E-R 图转化为数据库中的多个表，并标识各表的主键和外键。本节将介绍如何将 E-R 图转化为数据库模型图，审核各表的结构是否规范将在 8.5 节进行介绍。

设计良好的数据库模型可以通过图形化的方式显示数据库存储的信息及表之间的关系，以确保数据库设计准确、完整且有效。

下面以酒店业务实体为素材，演示如何在 Microsoft Visio 中将实体及实体间的关系转化为数据库模型图。下面详细介绍启动 Microsoft Visio 软件之后的操作步骤。

1. **绘制数据库模型图的步骤**。

（1）新建数据库模型图

选择"文件"→"新建"→"数据库"→"数据库模型图"命令，将出现一个空白页面，可以看到绘图页面左侧是绘图工具，其中包含很多实体关系图。

（2）添加实体

在绘图窗口左侧的实体关系中选择实体并将其拖动到页面的适当位置，在"数据库属性"中定义数据表的物理名称及概念名称，如图 8.6 所示。

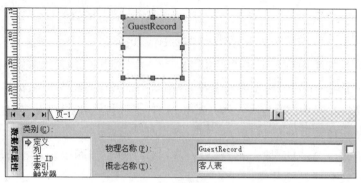

图8.6　添加实体

（3）添加数据列及相应的属性

在"数据库属性"中选择类别为"列"，添加物理名称、数据类型和注释等，如图 8.7 所示。

图8.7　添加数据列及相应的属性

① 物理名称：表示列名，一般输入英文，如 GuestId。

② 数据类型：表示列名的类型，如整数为 INTEGER 类型。

③ 必需的：表示是否可以为空。

④ PK：表示主键。

⑤ 注释：关于该列名的说明。

（4）添加实体之间的映射关系

添加实体之间的映射关系的具体步骤如下。

① 与添加"客人"实体 GuestRecord 的步骤一样添加"客房"实体 Room。

② 为 GuestRecord 添加外键约束列 RoomId（客房号），对应 Room 表中的 RoomId 列。

单击实体关系中的"连接线"工具，将"连接线"工具放在 Room 表的中心，使表的四周出现方框，按住鼠标左键将"连接线"工具拖动到 GuestRecord 表的中心。当 GuestRecord 表四周出现方框时，松开鼠标左键。此时，两个连接点均变为红色，同时将 Room 表中的主键 RoomId 作为外键添加到子表 GuestRecord 中，会默认为子表。将 GuestRecord 中的列 RoomId 与 Room 表中的列 RoomId 建立外键约束，如图 8.8 所示。

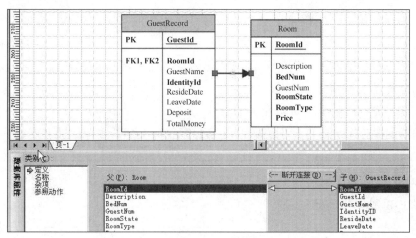

图8.8 映射关系

2. E-R 图转化为数据库模型图的步骤。

（1）将 E-R 图中各实体转化为对应的表，将各属性转化为各表对应的列。

（2）标识每个表的主键列，需要注意的是，要为没有主键的表添加 ID 编号列。该列没有实际含义，只用作主键或外键，如客人表中的 GuestId 列，客房表中的 RoomId 列。为了数据编码的兼容性，建议使用英文字段。为了直观起见，在英文括号内注明对应的中文含义。图 8.9 所示为将客人-客房数据库模型 E-R 图中的两个实体转换为数据库的两个表。

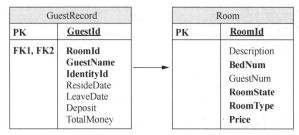

图8.9 E-R图转化为数据库模型图

（3）在数据库模型图中体现实体之间的映射关系。客房和客人之间是一对多关系，对于一对多关系的两个实体，一般会各自转换为一张表，并且后者对应的表引用前者对应的表，即客人（GuestRecord）表中的客房号来自客房（Room）表中的客房号，它们之间应建立主键、外键关系，如图 8.9 所示。一般来说，一对多关系是一个表中的主键对应另一个表中可重复字段，主键的值是不能重复的，而关联的字段是可以重复的，就会存在一个值对应一个值或者一个值对应多个值两种可能，即一对多。在一对一关系中，一般是一个主键对应一个不可重复的字段，显然只有一个值对应一个值的可能。

多对多映射关系也是比较常见的，如课程和学生实体就是多对多关系。要表示多对多关系，除了将多对多关系中的两个实体各自转换为表外，一般还会创建第三个表，称为连接表，它将多对多关系划分为两个一对多关系。将这两个表的主键都插入第三个表中。因此，第三个表用来记录关系的每个匹配项或实例。例如，订单表和产品表间是多对多关系，这种关系通常通过与"订单明细"表建立两个一对多关系来定义。一个订单可以有多个产品，每个产品可以出现在多个订单中。关于这一点可以在第 9 章的数据库设计实例中慢慢理解。

上机练习2　绘制员工晋级业务 E-R 图

使用 Visio 工具绘制 E-R 图，标识员工晋级业务实体、实体属性及实体间的关系。

> **提示**
>
> 在 E-R 图中明确标识实体、实体属性及实体间的关系。

上机练习3　绘制员工晋级业务数据库模型图

使用 Visio 工具，将上机练习 2 中绘制的员工晋级业务 E-R 图转化为数据库模型图，并体现各实体之间的映射关系。

> **提示**
>
> 将实体转化为数据库表，实体属性转化为表中字段，实体之间的关系转化为主键、外键关系。

8.5 设计规范化

1.　设计问题

在概要设计阶段，同一个项目，10 个设计人员可能设计出 10 种不同的 E-R 图。不同的人从不同的角度，标识不同的实体，实体又包含不同的属性，自然就设计出了不同的 E-R 图。那么怎样审核这些设计图呢？怎样评审出最优的设计方案呢？我们下一步的工作就是规范化 E-R 图。

数据库设计三大范式

为了讨论方便，下面直接以表 8-2 所示的某酒店客人住宿信息表为例来介绍，该表保存了酒店提供的客人住宿信息。

表 8-2　某酒店客人住宿信息表

客人编号	姓名	地址	……	客房号	客房描述	客房类型	客房状态	床位数	价格	入住人数
C1001	张三	Addr1	……	1001	A 栋 1 层	单人间	入住	1	128.00	1
C1002	李四	Addr2	……	2002	B 栋 2 层	标准间	入住	2	168.00	0
C1003	王五	Addr3	……	2002	B 栋 2 层	标准间	入住	2	168.00	2
C1004	赵六	Addr4	……	2003	B 栋 2 层	标准间	入住	2	158.00	1

续表

客人编号	姓名	地址	……	客房号	客房描述	客房类型	客房状态	床位数	价格	入住人数
……	……	……	……	……	……	……	……	……	……	……
C8006	A1	Addrm	……	8006	C 栋 3 层	总统套房	入住	3	1080.00	1
C8008	A2	Addrn	……	8008	C 栋 3 层	总统套房	空闲	3	1080.00	0

从用户的角度而言，将所有信息放在一个表中很方便，因为这样查询数据库可能会比较容易，但是表 8-2 具有下列问题。

（1）信息重复

表 8-2 中"客房类型""客房状态"和"床位数"列中有许多重复的信息，如"标准间""入住"等。信息重复会造成存储空间的浪费及一些其他问题，如果不小心输入"标准间"和"标间"或"总统套房"和"总统套"，则在数据库中将被当成两种不同的客房类型。

（2）更新异常

冗余信息不仅浪费存储空间，还会增加更新的难度。如果需要将"客房类型"修改为"标间"而不是"标准间"，则需要修改所有包含该值的行。如果由于某种原因没有更新所有行，则数据库中会存在两种客房类型，即一个是"标准间"，另一个是"标间"，这种情况被称为更新异常。

（3）插入异常（无法表示某些信息）

从表 8-2 中我们会发现 2002 号和 2003 号客房的价格分别是 168 元和 158 元。尽管这两间客房都是标准间类型，但它们的"价格"却不同，这样就造成了同一个酒店相同类型的客房价格不同。这种问题被称为插入异常。

（4）删除异常（丢失有用的信息）

在某些情况下删除一行数据时，可能会丢失有用的信息。例如，如果删除客房号为"1001"的行，就会丢失客房类型为"单人间"的账户的信息，该表只剩下"标准间"和"总统套房"两种客房类型。当希望查询有哪些客房类型时，将会误以为只有"标准间"和"总统套房"两种客房类型，这种情况被称为删除异常。

2．规范设计

如何重新规范设计表 8-2 来避免上述诸多异常呢？

在进行数据库设计时，有一些专门的规则，称为数据库的设计范式。遵守这些规则，将创建设计良好的数据库。下面将逐一讲解数据库设计中著名的三大范式理论。

（1）第一范式

第一范式（First Normal Form，1NF）的目标是确保每列的原子性。如果每列（或者每个属性值）都是不可再分的最小数据单元（也称为最小的原子单元），则满足第一范式。例如：

客人住宿信息表(姓名,客人编号,地址,客房号,客房描述,客房类型,客房状态,床位数,入住人数,价格等)

其中，"地址"列还可以细分为国家、省、市、区等，甚至更多程序把"姓名"列也拆分为"姓"和"名"等。如果业务需求中不需要拆分"地址"列，则该表已经符合第一范式；如果需要将"地址"列拆分，则符合第一范式的表如下：

客人住宿信息表（姓名，客人编号，国家，省，市，区，门牌号，客房号，客房描述，客房类型，客房状态，床位数，入住人数，价格等）

（2）第二范式

第二范式（Second Normal Form，2NF）在第一范式的基础上更进一层，其目标是确保表中的每列都和主键相关。如果一个关系满足第一范式，并且除了主键以外的其他列都全部依赖于该主键，则满足第二范式。

客人住宿信息表数据主要用来描述客人住宿信息，所以该表主键为(客人编号，客房号)。

① "姓名"列、"地址"列→"客人编号"列。

② "客房描述"列、"客房类型"列、"客房状态"列、"床位数"列、"入住人数"列、"价格"列→"客房号"列。

其中，"→"符号代表依赖。以上各列没有全部依赖于主键（客人编号，客房号），只是部分依赖于主键，违背了第二范式的规定。所以在使用第二范式的原则对客人住宿信息表进行规范化之后分解成以下两个表。

① 客人信息表(客人编号，姓名，地址，客房号，入住时间，结账日期，押金，总金额等)，主键为"客人编号"，其他列全部依赖于主键列。

② 客房信息表(客房号，客房描述，客房类型，客房状态，床位数，入住人数，价格等)，主键为"客房号"，其他列全部依赖于主键列。

（3）第三范式

第三范式（Third Normal Form，3NF）在第二范式的基础上更进一层，第三范式的目标是确保每列都和主键列直接相关，而不是间接相关。如果一个关系满足第二范式，并且除了主键以外的其他列都只能依赖于主键列，列和列之间不存在相互依赖关系，则满足第三范式。

为了理解第三范式，需要根据 Armstrong 公理（从已知的一些函数依赖可以推导出另外一些函数依赖）来定义传递依赖。假设 A、B 和 C 是关系 R 的三个属性，如果 A→B（A 依赖 B）且 B→C，则从这些函数依赖中，可以得出 A→C。如上所述，依赖 A→C 称为传递依赖。

以第二范式中的客房信息表为例，初看该表时没有问题，满足第二范式，每列都和主键列"客房号"相关，再细看会发现：

① "床位数"列、"价格"列→"客房类型"列；

② "客房类型"列→"客房号"列；

③ "床位数"列、"价格"列→"客房号"列。

为了满足第三范式，应该去掉"床位数"列、"价格"列和"客房类型"列，将客房信息表分解为如下两个表。

① 客房表(客房号,客房描述,客房类型编号,客房状态,入住人数等)。

② 客房类型表(客房类型编号,客房类型名称,床位数,价格等)。

又因为第三范式也是对字段冗余性的约束,即任何字段都不能由其他字段派生出来,所以要求字段没有冗余。如何正确认识冗余呢?

主键与外键在多表中的重复出现不属于数据冗余,非键字段的重复出现才是数据冗余。在客房表中"客房状态"存在冗余,需要进行规范化,规范化以后的表如下。

① 客房表(客房号,客房描述,客房类型编号,客房状态编号,入住人数等)。

② 客房状态表(客房状态编号,客房状态名称)。

3. 审核客房实体

了解了用于规范化数据库设计的三大范式后,下面我们一起来审核表 8-2 的客房实体。

(1)是否满足第一范式

第一范式要求每列必须是最小的原子单元,即不能再细分。前面我们曾提及,为方便查询,地址需要分为省、区、市等,但目前还没有这方面的查询需求,因此本例已经符合第一范式。

(2)是否满足第二范式

第二范式要求每列必须和主键相关,不相关的列放入别的表中,即要求一个表只描述一件事情。

实用的技巧:可以直接查看该表描述了哪几件事情,然后一件事情创建一个表。观察该表描述了哪几件事情?相信你一定可以看出来,该表描述了以下两件事情。

① 客人信息。

② 客房信息。

我们需要将其拆分为两个表,对各列进行筛选,拆分后的两个表为表 8-3 和表 8-4。其中,"客人编号"和"客房号"分别为这两个表的主键。

表 8-3 客人信息表

客人编号	姓名	地址	……
C1001	张三	Addr1	……
C1002	李四	Addr2	……
C1003	王五	Addr3	……
C1004	赵六	Addr4	……
……	……	……	……
C8006	A1	Addrm	……
C8008	A2	Addrn	……

表 8-4　客房信息表

客房号	客房描述	客房类型	客房状态	床位数	价格	入住人数
1001	A 栋 1 层	单人间	入住	1	128.00	1
2002	B 栋 2 层	标准间	入住	2	168.00	2
2003	B 栋 2 层	标准间	入住	2	158.00	1
……	……	……	……	……	……	……
8006	C 栋 3 层	总统套房	入住	3	1080.00	1
8008	C 栋 3 层	总统套房	空闲	3	1080.00	0

图 8.10 展示了符合第二范式的酒店业务 E-R 图。

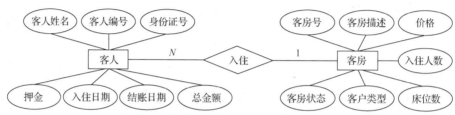

图8.10　符合第二范式的酒店业务E-R图

（3）是否满足第三范式

第三范式要求表中各列必须和主键直接相关，不能间接相关，即需要拆分客房信息表为客房表、客房类型表和客房状态表，如表 8-5～表 8-7 所示。

表 8-5　客房表

客房号	客房描述	客房类型编号	客房状态	入住人数
1001	A 栋 1 层	001	001	1
2002	B 栋 2 层	002	001	2
2003	B 栋 2 层	002	001	1
……	……	……	……	……
8006	C 栋 3 层	009	001	1
8008	C 栋 3 层	009	002	0

表 8-6　客房类型表

客房类型编号	客房类型名称	床位数	价格
001	单人间	1	128.00
002	标准间	2	168.00
003	三人间	3	188.00
……	……	……	……
009	总统套房	2	1080.00

表 8-7　客房状态表

客房状态编号	客房状态名称
001	入住
002	空闲
003	维修
……	……

按照第三范式的要求，我们在符合第二范式的酒店业务 E-R 图基础上继续规范数据库表结构，得到了图 8.11 所示的符合第三范式的酒店业务 E-R 图，图 8.12 所示是由图 8.11 的 E-R 图转化后的数据库模型图。

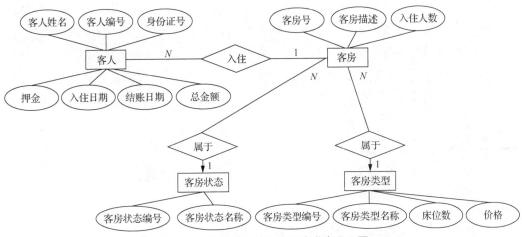

图8.11　符合第三范式的酒店业务E-R图

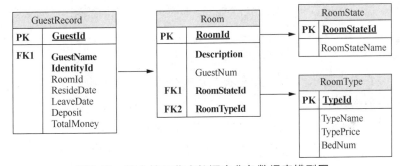

图8.12　符合第三范式的酒店业务数据库模型图

4. 规范化和性能的关系

需要提醒的是，对于项目的最终用户来说，客户最关心的是方便、清晰的数据结果。在设计数据库时，设计人员和客户对数据库的设计规范化和性能之间存在一定的矛盾。前面我们通过三大范式分解出 3 个表，为了满足客户的需求，最终需要通过 3 个表之间的连接查询，获取客户需要的数据结果。插入数据同样如此，对于客户输入的数据，我们需要分开插入 3 个不同的表中。

由此可以看出，为了满足三大范式，数据操作性能会受到相应的影响。所以，在实际的数据库设计中，既要考虑三大范式，避免数据的冗余和各种数据操作异常，又要考虑数据访问性能。有时，为了减少表间连接，提高数据库的访问性能，允许适当的数据冗余列，这可能是最合适的数据库设计方案。例如，有一个存放商品信息的表，其数据结构如表 8-8 所示。

表 8-8   商品信息表

商品名称	商品型号	单价	数量	金额
电视机	29 英寸	2 500	40	100 000

表 8-8 中"金额"列的存在表明该表的设计不满足第三范式，因为"金额"可以由"单价"乘以"数量"得到，说明"金额"是冗余列。与第三范式中介绍的冗余相比，前面介绍的冗余属于低级冗余。我们反对低级冗余，但这里出现的冗余为一种高级冗余，目的是提高数据的处理速度。增加"金额"列后，可以提高查询统计的速度，这是一种以空间换取时间的做法。

注意

不要轻易违反数据库设计的规范化原则。如果处理不好，可能会适得其反，使应用程序运行速度更慢。

上机练习 4   规范化员工晋级业务数据库设计
（1）根据三大范式规范化员工晋级业务数据。
（2）为了保证应用程序的运行性能，对符合第三范式的数据库结构进行调整。

提示

（1）向各表中插入数据，查看表中的每个属性列是否存在重复、插入异常、更新异常和删除异常。
（2）对照三大范式的定义，解决表中的异常问题。
（3）第一范式的目标是确保每列都是不可再分的最小数据单元，查看每列是否都满足第一范式。
（4）第二范式要求每列与主键相关，不相关的列放入别的表中，即要求一个表只描述一件事情。
（5）第三范式要求表中各列必须和主键直接相关，不能间接相关，查看各表是否满足第三范式。
对于不满足三大范式的表要进行拆分。

本章小结

1. 在需求分析阶段，设计数据库的一般步骤如下。
（1）收集信息。
（2）标识实体。
（3）标识每个实体的属性。
（4）标识实体之间的关系。

2．在概要设计阶段和详细设计阶段，设计数据库的一般步骤如下。

（1）绘制 E-R 图。

（2）将 E-R 图转化为数据库模型图。

（3）应用三大范式规范化表设计。

从关系数据库表中除去冗余数据的过程称为规范化。如果使用得当，规范化是获得高效的关系数据库表的逻辑结构的最好、最容易的方法。规范化数据库设计时，应执行下列操作。

（4）将数据库的结构精简为最简单的形式。

（5）从表中删除冗余的列。

（6）标识所有依赖于其他数据项的数据。

3．三大范式要求如下。

第一范式：其目标是确保每列的原子性。

第二范式：在第一范式的基础上更进一层，其目标是确保表中的每列都和主键相关。

第三范式：在第二范式的基础上更进一层，其目标是确保每列都和主键列直接相关，而不是间接相关。

本章练习

1．简述设计数据库的步骤。

2．简述数据库设计三大范式的含义。

3．请列举生活实例说明实体之间一对一关系、一对多关系及多对多关系。

4．什么是 E-R 图？在数据库设计中的作用是什么？

5．现在要开发一个图书馆信息管理系统，请根据下面的需求，按照数据库设计步骤，绘制出符合第三范式的 E-R 图和数据库模型图。

（1）图书馆馆藏了多种书籍，每种书籍有一本或一本以上的馆存量。

（2）每个读者一次可以借阅多本书籍，但每种书籍一次只能借一本。

（3）每次每本书籍的借阅时间是一个月。

（4）如果读者逾期不归还或丢失、损坏借阅的书籍，则必须按规定缴纳罚金。

## 第 9 章

综合实战——银行 ATM 存取款机系统

❖ 掌握 MySQL 的用户管理。

❖ 会使用 SQL 语句操作数据。

❖ 会使用事务保证数据的完整性。

❖ 会创建并使用视图。

❖ 会创建并使用索引。

❖ 掌握数据库的备份和恢复。

❖ 完成"银行 ATM 存取款机系统"设计和开发。

9.1 项目需求

　　某银行是一家民办的小型银行企业，现有十多万客户。现为该银行开发一套 ATM 存取款机系统，对银行日常的存取款业务进行管理，以保证数据的安全性，提高工作效率。

　　要求根据银行存取款业务需求设计出符合第三范式的数据库结构，使用 SQL 创建数据库和表，并添加表约束，进行数据的增、删、改、查，并按照银行的业务需求，运用事务和视图实现各项银行日常存款、取款和转账等业务操作。

9.2 项目准备

　　1．环境准备

　　（1）数据库：MySQL 5.7。

　　（2）操作系统：Windows 系列。

　　2．技能准备

　　（1）会使用 SQL 语句创建数据库和表，并添加各种约束。

　　（2）会进行常见的 SQL 编程。

　　① INSERT 语句：开户。

　　② UPDATE 语句：存款或取款。

　　③ DELETE 语句：销户。

　　④ 聚合函数：月末汇总。

　　（3）会进行安全管理。

　　安全管理：添加 ATM 系统的系统维护账号。

　　（4）会使用子查询并进行查询优化。

　　① 子查询：查询挂失账户的客户信息和催款提醒业务等。

　　② 查询优化：查询指定卡号的交易记录。

　　（5）创建并使用视图：查询各表时显示友好的中文字段名。

　　（6）会创建存储过程并使用事务处理：本银行内账户间的转账。

9.3 核心知识剖析——MySQL 用户管理

　　在数据库中，通常包含很多重要的、敏感的数据，为了确保这些数据的安全性和完整性，在 MySQL 中，通过为不同的 MySQL 用户赋予不同的权限来实现这一目的。

MySQL 中的用户分为 root 用户和普通用户两种，前者是超级管理员，拥有最高数据库权限，可以进行一切数据操作；后者只能拥有该用户被赋予的权限。

1. 创建普通用户

安装 MySQL 后默认提供 root 用户管理账号，由于 root 用户拥有超级用户权限，因此很容易引发由误操作所导致的数据不安全问题。在实际开发中，除了一些必要的场合外，一般不建议使用 root 用户登录 MySQL 服务器。DBA（数据库管理员）为不同的数据库使用者创建一系列普通用户，赋予不同的权限，以保障数据的安全性。创建用户账户的语法格式如下：

```
CREATE USER `username`@`host` [IDENTIFIED BY [PASSWORD] `password`];
```

其中，IDENTIFIED BY 语句用来设置密码，默认时密码为空。其他参数介绍如下。

- username：表示创建的用户名。
- host：表示指定用户登录的主机名，如果只是本地用户可使用"localhost"，如果该用户可登录任何远程主机，可使用通配符"%"。
- PASSWORD：表示使用哈希值设置密码，为可选项。
- password：表示用户登录时使用的明文密码。

【示例 1】

创建本地用户 teacher，密码为 123456，本地用户 student，不需要密码。

SQL 语句如下。

关键代码：

```
CREATE USER `teacher`@`localhost` IDENTIFIED BY '123456';
CREATE USER `student`@`localhost`;
```

注意，在执行该命令之前，需先登录 MySQL 服务器，运行结果如图 9.1 所示。

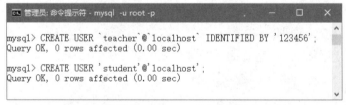

图9.1 使用CREATE USER命令创建用户

创建用户之后，可通过系统数据库 mysql 中的 user 表，查看已存在的用户，SQL 语句如下。

关键代码：

```
USE mysql;
SELECT Host,User, authentication_string, Select_priv,Insert_priv,
Update_priv,Delete_priv FROM user\G;
```

运行结果如图 9.2 所示。

从图 9.2 中可以看出，user 表中的 Host、User、authentication_string 分别对应创建用户时指定的主机名、用户名、密码的哈希值。除此之外，还有一系列以"_priv"字符串结尾的字段，这些字段决定了用户权限，它们的值只有 Y 和 N，Y 表示用户有对应的权限，N 表示用户没有对应的权限，默认值是 N。不难看出，使用 CREATE USER 语句创建的用户是未授权的，下面介绍一种能够同时授权的创建用户方式。

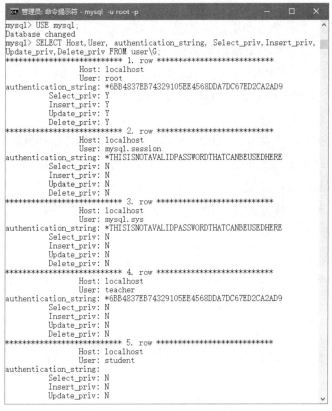

图9.2 mysql.user表的用户信息

 注意

　　user 表中的 User 和 Host 字段区分大小写，如 "STUDENT" 和 "student" 是两个不同的用户，在条件查询时需指定正确的用户名和主机名。

经验

　　如果删除了 user 表中已存在的用户，例如，删除已创建的 "student" 用户，然后重新创建 "student" 用户，创建时，可能会提示如下错误：

```
ERROR 1396 (HY000): Operation CREATE USER failed for `student`@
`localhost`
```

　　如果遇到类似问题，可以先运行 "FLUSH PRIVILEGES;"，然后再重新创建用户。

2. 执行 GRANT 语句创建用户并授权

用户授权需使用 GRANT 语句，其语法格式如下。

```
GRANT priv_type ON databasename.tablename
TO `username`@`host` [IDENTIFIED BY [PASSWORD] 'password'] [WITH GRANT
OPTION];
```

- priv_type：表示设置的用户操作权限，如果授予所有权限可使用 ALL。MySQL 中的权限有很多，以下列出了常用的数据库或表操作权限。

① CREATE 和 DROP 权限，可以创建数据库和表，或删除已有数据库和表。

② INSERT、DELETE、SELECT 和 UPDATE 权限，允许在一个数据库现有的表上实施增、删、查、改操作。

③ ALTER 权限，可以用 ALTER TABLE 来更改表的结构和重新命名表。

- databasename.tablename：表示所创建用户账号的权限范围，即只能在指定数据库和表上使用此权限，如果给所有数据库和表授权，则可使用 "*.*"。

- WITH GRANT OPTION：表示对新建立的用户赋予 GRANT 权限，可选项。

- 其他部分与 CREATE USER 语句一致。

【示例 2】

创建名为 xiaoming、密码为 123456 的本地用户账户，并给该用户赋予 MySchool 数据库中 student 表的增加数据和查询数据权限。

关键代码：

```
GRANT INSERT,SELECT ON myschool.student TO `xiaoming`@`localhost`
IDENTIFIED BY '123456';
```

【示例 3】

使用 GRANT 语句为已创建的用户授权。

如为 student@localhost 用户授予 MySchool 数据库中 view_student_result 视图的查询权限。

关键代码：

```
GRANT SELECT ON myschool.view_student_result TO `student`@`localhost`;
```

3. 使用 mysqladmin 命令修改 root 用户密码

mysqladmin 命令的语法格式如下。

```
mysqladmin -u username -p password "newpassword"
```

其中，newpassword 为新密码，使用双引号（""）括起来。

【示例 4】

将 root 用户密码修改为 1234。

可在 DOS 窗口中执行如下命令。

关键代码：

```
mysqladmin -u root -p password "1234"
Enter password:
```

　　按提示输入 root 用户原来的密码，执行完毕后，新的密码被设定。root 用户可使用新密码登录。运行结果如图 9.3 所示。

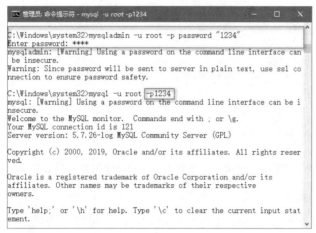

图9.3　使用mysqladmin命令修改密码并使用新密码登录

提示

　　使用 mysqladmin 命令修改密码的用户应为超级管理员用户，如 root 用户。

4. 使用 SET 命令修改用户密码

　　用户登录 MySQL 服务器后，可使用 SET 命令修改当前用户密码，语法格式如下。

```
SET PASSWORD [FOR `username`@`host`]= PASSWORD("newpassword");
```

　　其中，PASSWORD( )函数用于对密码加密，"newpassword"是设置的新密码。如果修改非当前登录用户的密码，则需使用 FOR 关键字指定要修改的用户名。

注意

　　只有超级管理员用户（如 root 用户）才能修改其他用户的密码，如果是普通用户，可省略 FOR 子句。

【示例 5】

　　当登录用户为 root 时，使用 SET 命令将 root 密码修改为 "0000"，将 teacher 账户密码修改为 "8888"。

　　关键代码：

```
# 修改当前登录用户密码
SET PASSWORD = PASSWORD("0000");
# 修改其他用户密码
SET PASSWORD FOR `teacher`@`localhost`= PASSWORD("8888");
```

　　修改密码后使用新密码登录，运行结果如图 9.4 所示。

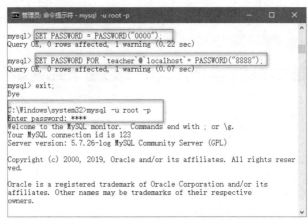

图9.4　使用SET命令修改密码并使用新密码登录

5. 删除普通用户

在 MySQL 数据库中，可以使用 DROP USER 语句删除普通用户，语法格式如下。

```
DROP USER `username1`@`host`[,`username2`@`host`…];
```

该语句可以用于删除一个或多个 MySQL 普通账户。

【示例 6】

删除本地 student 用户。

关键代码：

```
DROP USER `student`@`localhost`;
```

删除 student 用户后查看系统数据库 mysql 中的 user 表，运行结果如图 9.5 所示。

图9.5　删除student用户后查看mysql.user表

从图 9.5 中可看出，user 表中已不存在用户名为 student、主机名为 localhost 的用户，即"student@localhost"用户已被删除。

 注意

要使用 DROP USER 语句，必须拥有 MySQL 数据库的全局 CREATE USER 权限或 DELETE 权限，一般由数据库管理员（DBA）来执行此操作。

难点分析

该银行的 ATM 存取款机业务如下。

（1）银行为客户提供了各种银行存取款业务，如表 9-1 所示。

表 9-1　银行存取款业务

业务	描述
活期	无固定存期，可随时存取，且存取金额不限的一种比较灵活的存款方式
定活两便	事先不约定存期，一次性存入、一次性支取的存款方式
通知	不约定存期，支取时需提前通知银行，约定支取日期和金额方能支取的存款方式
整存整取	选择存款期限，整笔存入、到期提取本息的一种定期储蓄。银行提供的存款期限有 1 年、2 年和 3 年
零存整取	一种事先约定金额，逐月按约定金额存入、到期支取本息的定期储蓄。银行提供的存款期限有 1 年、2 年和 3 年
自助转账	在 ATM 存取款机上办理同一币种账户的银行卡之间互相划转

（2）每个客户凭个人身份证在银行可以开设多个银行卡账户。开设账户时，客户需要提供的开户数据如表 9-2 所示。

表 9-2　开设银行卡账户的客户信息

数据	说明
姓名	必须提供
联系电话	必须提供
居住地址	可以选择

（3）银行为每个账户提供一张银行卡，每张银行卡可以存入一种币种的存款。银行卡账户信息如表 9-3 所示。

表 9-3　银行卡账户信息

数据	说明
卡号	银行卡的卡号由 16 位数字组成。其中，一般前 8 位代表特殊含义，如某总行某支行等，假定该行要求其营业厅的卡号格式为 10103576××××××××
密码	由 6 位数字构成，开户时默认为"888888"
币种	默认为 RMB，目前该银行尚未开设其他币种存款业务
存款类型	必填
开户日期	客户开设银行卡账户的日期，默认为当日
开户金额	默认为 1 元
余额	客户最终的存款金额，默认为 1 元
是否挂失	默认为"0"，表示否；"1"表示是

（4）客户持银行卡在 ATM 存取款机上输入密码，经系统验证身份后可以办理存款、取款和转账等银行业务。银行在为客户办理业务时，需要记录每一笔账目。账目交易信息如表 9-4 所示。

表 9-4　账目交易信息

数据	说明
卡号	银行卡的卡号由 16 位数字组成
交易日期	默认为当日
交易金额	实际交易金额
交易类型	包括存入和支取两种
备注	对每笔交易做必要的说明

（5）该银行要求这套软件能实现银行客户的开户、存款、取款、转账和余额查询等业务，保证银行储蓄业务方便、快捷，同时保证银行业务数据的安全性。

（6）为了使开发人员尽快了解银行业务，该银行提供了银行卡手工账户和存取款单据的样本数据，仅供项目开发时参考，分别如表 9-5 和表 9-6 所示。

表 9-5　银行卡手工账户信息

账户姓名	身份证号	联系电话	住址	卡号	存款类型	开户日期	开户金额	存款余额	密码	账户状态
丁六	******************	0752-43345543	北京西城区	1010 3576 1212 1004	定期一年	2019-7-21	¥1.00	¥1,001.00	888888	
王五	******************	010-44443333	河北石家庄市	1010 3576 1212 1130	定期一年	2019-7-21	¥1.00	¥1.00	888888	
张三	******************	010-67898978	北京海淀区	1010 3576 1234 5678	活期	2019-7-21	¥1,000.00	¥6,100.00	123456	
丁一	******************	2222-63598978	河南新乡	1010 3576 1914 8284	活期	2019-7-21	¥1,000.00	¥1,000.00	888888	
李四	******************	0478-44443333	山东济南市	1010 3576 1212 1134	定期一年	2019-7-21	¥1.00	¥1,501.00	123123	已挂失

表 9-6　银行卡存取款单据样本数据

交易日期	交易类型	卡号	交易金额	余额	备注
2019-7-25	支取	1010357612345678	¥900.00	¥100.00	2019-7-25
2019-7-25	存入	1010357612121130	¥300.00	¥301.00	2019-7-25
2019-7-25	存入	1010357612121004	¥1,000.00	¥1,001.00	2019-7-25
2019-7-25	存入	1010357612121130	¥1,900.00	¥2,201.00	2019-7-25
2019-7-25	存入	1010357612121134	¥5,000.00	¥5,001.00	2019-7-25
2019-7-25	存入	1010357612121134	¥500.00	¥5,501.00	2019-7-25
2019-7-25	支取	1010357612121134	¥2,000.00	¥3,501.00	2019-7-25
2019-7-25	存入	1010357612345678	¥2,000.00	¥2,100.00	2019-7-25
2019-7-25	支取	1010357612121134	¥2,000.00	¥1,501.00	2019-7-25
2019-7-25	存入	1010357612345678	¥2,000.00	¥4,100.00	2019-7-25
2019-7-25	存入	1010357612345678	¥2,000.00	¥6,100.00	2019-7-25

9.5 项目实现思路

1. 数据库设计

（1）完成银行 ATM 存取款机系统数据库设计。

明确银行 ATM 存取款机系统的实体、实体属性及实体之间的关系。

提示

（1）在充分理解银行业务需求后，围绕银行的需求进行分析，确认与银行 ATM 存取款机有紧密关系的实体，并得到每个实体的必要属性。

（2）根据业务需求分析多个实体之间的关系。实体之间的关系可以是一对一、一对多和多对多。

（2）为银行 ATM 存取款机系统数据库绘制 E-R 图。要求如下。

- 使用数据库设计工具，把设计数据库第（1）步的结果（即分析得到的银行 ATM 存取款机系统的实体、实体属性及实体之间的关系）用 E-R 图表示。
- E-R 图中要体现各实体之间的关系。

（3）为银行 ATM 存取款机系统绘制数据库模型图。要求如下。

- 使用数据库设计工具，把 E-R 图中的实体转换成数据库中的表对象，并为表中的每一列指定数据类型和长度。
- 在数据库模型图中要标识表的主键和外键。

（4）规范数据库结构设计。要求如下。

- 使用第三范式对数据库表结构进行规范化。

提示

规范数据库表结构的同时，要考虑软件运行性能。必要时可以违反第三范式的要求，适当增加冗余数据，减少表间连接，以空间换取时间。

2. 创建数据库及登录用户并授权

（1）创建数据库

- 使用 CREATE DATABASE 语句创建 ATM 存取款机系统数据库 bankDB。
- 创建数据库时要求检测是否存在数据库 bankDB，如果存在，则应先删除再创建。

（2）创建登录用户并授权

- 创建普通用户 bankMaster，可以在任意主机登录 MySQL 服务器，具有数据库 bankDB 的所有权限，密码为 1234。
- 从系统数据库 MySQL 的 user 表中查看已创建的用户信息。

- 使用 bankMaster 用户登录 MySQL 服务器。

3. 创建表、约束

（1）创建表

- 根据前面设计出的 ATM 存取款机系统的数据库表结构，使用 CREATE TABLE 语句创建表结构。

- 创建表时要求检测是否存在该表结构，如果存在，则应先删除再创建。

提示

```
DROP TABLE IF EXISTS 表名 ;
CREATE TABLE 表名
(
    ......
);
```

（2）创建外键约束

根据银行业务，为相应表添加外键约束。使用 ALTER TABLE…ADD…语句。

提示

在为表添加外键约束时，要先添加主表的主键约束，再添加子表的外键约束。

4. 插入测试数据

（1）使用 SQL 语句向已经创建数据库的每个表中插入测试数据。

（2）卡号由人工指定，向相关表中插入如表 9-7 所示的两位客户的开户信息。

表 9-7　两位客户的开户信息

姓名	交易类型	身份证号	联系电话	地址	开户金额	存款类型	卡号
张三	开户	******************	010-67898978	北京海淀	1000	活期	1010357612345678
李四	开户	******************	0478-44443333	山东济南	1	定期	1010357612121134

（3）插入交易信息：张三的卡号取款 900 元，李四的卡号存款 5000 元，要求保存交易记录，以便客户查询和进行银行业务统计。

例如，当张三取款 900 元时，会向交易信息表（transInfo）中添加一条交易记录，同时应自动更新银行卡信息表（cardInfo）中的现有余额（减少 900 元）。

注意

插入测试数据时要求注意以下几点。

（1）在使用 SQL 语句插入各表中的数据时要保证业务数据的一致性和完整性。

（2）当客户持银行卡办理存款、取款业务时，银行要记录每笔交易账目，并修改该银行卡的存款余额。

（3）每个表至少要插入 3~5 条记录，数据可参考表 9-5 和表 9-6 中提供的数据。

提示

（1）注意各表中数据插入的顺序。为了保证主外键的关系，建议先插入主表中的数据，再插入子表中的数据。

（2）客户取款时需要记录"交易账目"，并修改存款余额。它可能需要分为以下两步完成。

① 在交易信息表中插入交易记录。

```
INSERT INTO `transInfo` (`transType`, `cardId`, `transMoney`)
VALUES (' 支取 ', '1010357612345678', 900);
```

② 更新银行卡信息表中的现有余额。

```
UPDATE `cardInfo` SET `balance`=`balance`-900 WHERE `cardId`=
'1010357612345678';
```

5. 模拟常规业务

编写 SQL 语句实现银行的如下日常业务。

（1）修改客户密码。

修改张三的银行卡密码为 123456，修改李四的银行卡密码为 123123。

（2）办理银行卡挂失。

李四因银行卡丢失，申请挂失。修改密码和办理银行卡挂失的运行结果如图 9.6 所示。

卡号	货币	储蓄种类	开户日期	开户金额	余额	密码	是否挂失	客户姓名
1010357612121004	RMB	定期一年	2019-07-21 22:22:27	1.00	1.00	888888	0	丁六
1010357612121130	RMB	定期一年	2019-07-21 22:22:26	1.00	1.00	888888	0	王五
1010357612121134	RMB	定期一年	2019-07-21 22:29:23	1.00	5001.00	123123	1	李四
1010357612345678	RMB	活期	2019-07-21 22:27:00	1000.00	100.00	123456	0	张三

图9.6　修改密码和办理银行卡挂失

（3）统计银行总存入金额和总支取金额。

根据交易信息表中的交易类型分别统计总存入金额和总支取金额，运行结果如图 9.7 所示。

资金流向	总金额
存入	5000.00
支取	900.00

图9.7　银行的存取款总金额

（4）查询本周开户信息。

查询本周开户的卡号，显示该卡的相关信息。运行结果如图9.8所示。

卡号	姓名	货币	存款类型	开户日期	开户金额	存款余额	账户状态
1010357612121004	丁六	RMB	定期一年	2019-07-21 22:22:27	1.00	1.00	0
1010357612121130	王五	RMB	定期一年	2019-07-21 22:22:26	1.00	1.00	0
1010357612121134	李四	RMB	定期一年	2019-07-21 22:29:23	1.00	5001.00	1
1010357612345678	张三	RMB	活期	2019-07-21 22:27:00	1000.00	100.00	0

图9.8　本周开户的客户信息

提示

查询指定日期是一年中的第几周，使用 WEEK(d)函数。

（5）查询本月交易金额最高的卡号。

查询本月存款、取款交易金额最高记录的卡号信息。

提示

在交易信息表中，采用子查询和 DISTINCT 去掉重复的卡号。

```
SELECT DISTINCT cardId FROM transInfo WHERE transMoney
=(SELECT … FROM …);
```

（6）查询挂失客户。

查询挂失银行卡的客户信息。

提示

利用 IN 子查询或内连接 INNER JOIN 实现此功能。

```
SELECT customerName AS 客户姓名… FROM userInfo WHERE customerId IN
(SELECT customerId FROM…);
```

运行结果如图9.9所示。

客户姓名	联系电话
李四	0478-44443333

图9.9　查询挂失银行卡的客户信息

（7）催款提醒业务。

根据某种业务（如代缴电话费、代缴手机费等）的需要，每个月末，若查询出客户账户余额少于 200 元，则由银行统一致电催款。运行结果如图9.10所示。

客户姓名	联系电话	存款余额
▶ 丁六	0752-43345543	1.00
王五	010-44443333	1.00
张三	010-67898978	100.00

图9.10 催款提醒业务

提示

利用子查询查出当前存款余额小于 200 元的账户信息。

```
SELECT customerName AS 客户姓名 FROM userInfo INNER JOIN cardInfo
ON…
```

6. 创建、使用客户友好信息视图

（1）为了向客户提供友好的用户界面，使用 SQL 语句创建如下 3 个视图，并使用这些视图查询输出各表信息。

- view_userInfo：输出银行客户记录。
- view_cardInfo：输出银行卡记录。
- view_transInfo：输出银行卡的交易记录。

（2）各表显示的列名全为中文。运行结果如图 9.11 所示。

客户编号	开户名	身份证号	电话号码	居住地址
▶ 1	张三	******************	010-67898978	北京海淀
2	李四	******************	0478-44443333	(Null)
3	王五	******************	010-44443333	(Null)
4	丁六	******************	0752-43345543	(Null)

（1）

卡号	客户	货币种类	存款类型	开户日期	余额	密码	是否挂失
▶ 1010357612121004	丁六	RMB	定期一年	2019-07-21 22:22:27	1.00	888888	正常
1010357612121130	王五	RMB	定期一年	2019-07-21 22:22:26	1.00	888888	正常
1010357612121134	李四	RMB	定期一年	2019-07-21 22:29:23	5001.00	123123	挂失
1010357612345678	张三	RMB	活期	2019-07-21 22:27:00	100.00	123456	正常

（2）

交易日期	交易类型	卡号	交易金额	备注
▶ 2019-07-21 22:23:31	支取	1010357612345678	900.00	(Null)
2019-07-21 22:23:48	存入	1010357612121134	5000.00	(Null)

（3）

图9.11 调用视图查询银行业务信息

提示

银行卡信息表 cardInfo 中，当 IsReportLoss 字段为 1 时表示"正常"，为 0 时表示"挂失"。在输出银行卡信息时，可以在 SELECT 语句中嵌套 CASE 语句进行有条件输出。

7. 创建存储过程完成转账

从卡号为"1010357612121134"的账户中转出 300 元给卡号为"1010357612345678"的账户，即李四转账 300 元给张三。要求：创建存储过程，并使用事务处理，转账成功时，提交事务。

提示

（1）模拟真实的银行转账业务，在转账之前需进行一系列判断，如验证账户信息、转出卡余额是否足够转账等，在转账过程中未出现错误则提交事务，否则回滚事务。

（2）转账过程需要修改"银行卡信息表"中的账户余额，并向"交易信息表"中添加交易记录。

本章小结

学习 MySQL 中相关用户管理的知识，遵循第三范式的要求完成数据库结构的规范化设计，在 MySQL 环境中使用 SQL 语句创建数据库和表，并添加表约束，对合法的业务数据进行增、删、改、查操作，创建存储过程并结合事务处理、使用视图实现业务处理。

MySQL 常用命令大全

1. 命令行指令

（1）启动 MySQL net start mysql

（2）连接与断开服务器

```
mysql -h 地址 -P 端口 -u 用户名 -p 密码
```

2. 数据库操作

（1）查看当前数据库

```
SELECT database();
```

（2）显示当前时间、用户名、数据库版本

```
SELECT now(), user(), version();
```

（3）创建数据库

```
CREATE DATABASE[ IF NOT EXISTS] 数据库名 数据库选项
```

其中，数据库选项：

```
CHARACTER SET charset_name COLLATE collation_name
```

（4）查看已有数据库

```
SHOW DATABASES[ LIKE 'PATTERN']
```

（5）查看当前数据库信息

```
SHOW CREATE DATABASE 数据库名
```

（6）修改数据库的选项信息

```
ALTER DATABASE 库名选项信息
```

（7）删除数据库

```
DROP DATABASE[ IF EXISTS] 数据库名
```

3. 表操作

（1）创建表

```
CREATE [TEMPORARY] table[ IF NOT EXISTS] [ 库名 .] 表名 ( 表的结构定
义 )[ 表选项 ]
```

① 每个字段必须有数据类型，最后一个字段后不能有逗号。

② TEMPORARY 表示临时表，会话结束时表自动消失。

③ 对于字段的定义如下。

```
字段名 数据类型 [NOT NULL | NULL] [DEFAULT default_value] [AUTO_INCREMENT]
[UNIQUE [KEY] | [PRIMARY] KEY] [COMMENT 'string']
```

④ 表选项。

● 字符集

```
CHARSET = charset_name
```

如果表没有设定，则使用数据库字符集。

● 存储引擎

```
ENGINE = engine_name
```

表在管理数据时往往采用不同的数据结构，结构不同会导致处理方式、提供的特性操作等也不同。

常见的存储引擎：InnoDB、MyISAM、Memory/Heap、BDB、Merge、Example、CSV、MaxDB、Archive。

不同的存储引擎在保存表的结构和数据时常采用不同的方式。

```
MyISAM 表文件含义：.frm 表定义，.MYD 表数据，.MYI 表索引
InnoDB 表文件含义：.frm 表定义、表空间数据和日志文件
SHOW ENGINES                     —显示存储引擎的状态信息
SHOW ENGINE 引擎名 {LOGS|STATUS}  —显示存储引擎的日志或状态信息
```

（2）查看所有表

```
SHOW TABLES[ LIKE 'pattern'] SHOW TABLES FROM 表名
```

（3）查看表结构

```
SHOW CREATE TABLE 表名
DESC 表名 / DESCRIBE 表名 / EXPLAIN 表名 / SHOW COLUMNS FROM 表名 [LIKE
'pattern']
SHOW TABLE STATUS [FROM db_name] [LIKE 'pattern']
```

（4）修改表

① 修改表本身的选项

```
ALTER TABLE 表名 表的选项
```

例：

```
ALTER TABLE 表名 ENGINE=MYISAM;
```

② 对表进行重命名

```
RENAME TABLE 原表名 TO 新表名
```

③ 修改表的字段结构

```
ALTER TABLE 表名 操作名
```

有如下操作名。

```
ADD[ COLUMN] 字段名                      —增加字段
ADD PRIMARY KEY( 字段名 )               —创建主键
ADD UNIQUE [ 索引名 ] ( 字段名 )         —创建唯一索引
```

```
ADD INDEX [ 索引名 ] ( 字段名 )                      一创建普通索引
DROP[COLUMN] 字段名                                一删除字段
CHANGE[ COLUMN] 原字段名 新字段名 字段属性          一支持对字段名进行修改
DROP PRIMARY KEY                                  一删除主键
MODIFY[ COLUMN] 字段名 字段属性  一支持对字段属性进行修改
DROP INDEX 索引名                                  一删除索引
DROP FOREIGN KEY 外键                             一删除外键
```

（5）删除表

```
DROP TABLE[ IF EXISTS] 表名 …
```

（6）清空表数据

```
TRUNCATE [TABLE] 表名
```

（7）复制表结构

```
CREATE TABLE 表名 LIKE 要复制的表名
```

（8）复制表结构和数据

```
CREATE TABLE 表名 [AS] SELECT * FROM 要复制的表名
```

4．数据操作

（1）增

```
INSERT [INTO] 表名 [( 字段列表 )] VALUES ( 值列表 )[, ( 值列表 ), …]
    一 如果要插入的值列表包含所有字段并且顺序一致，则可以省略字段列表。
    一 可同时插入多条数据记录！
    一 字段列表可以用"*"代替，表示所有字段。
```

（2）删

```
DELETE FROM 表名 [删除条件子句 ]
```

没有条件子句，则会删除全部数据。

（3）改

```
UPDATE 表名 SET 字段名 = 新值 [, 字段名 = 新值 ] [ 更新条件 ]
```

5．字符集编码

MySQL、数据库、表、字段均可设置编码。

```
一 数据编码与客户端编码不需一致
SHOW VARIABLES LIKE 'character_set_%' 一查看所有字符集编码项
  character_set_client              一客户端向服务器发送数据时使用的编码
  character_set_results             一服务器端将结果返回给客户端时使用的编码
  character_set_connection          一连接层编码
SET 变量名 = 变量值
setcharacter_set_client = gbk;
setcharacter_set_results = gbk;
setcharacter_set_connection = gbk;
SET NAMES GBK;                       一相当于完成以上三个设置
```

6. 查询语句

```
    SELECT [ALL|DISTINCT] select_expr FROM -> WHERE -> GROUP BY [ 聚合函数 ] ->
HAVING -> ORDER BY -> LIMIT
```

（1）select_expr

① 计算公式、函数调用、字段也是表达式。例：SELECT stu, 29+25, now() FROM tb;

② 可以使用 as 关键字为每个列设定别名，适用于简化列标识，避免多个列标识符重复。例：

```
    SELECT stu+10 AS add10 FROM tb;
```

（2）FROM 子句

FROM 子句用于标识查询来源。

① 可以使用 AS 关键字为表起别名。例：

```
    SELECT * FROM tb1 AS tt, tb2 AS bb;
```

② FROM 子句后可以同时出现多个表。多个表会横向叠加到一起，而数据会形成一个笛卡儿积。例：

```
    SELECT * FROM tb1, tb2;
```

（3）WHERE 子句

WHERE 用于从 FROM 获得的数据源中进行筛选。1 表示真，0 表示假。表达式由运算符和运算数组成。

（4）GROUP BY 子句（分组子句）

```
    GROUP BY 字段 / 别名 [ 排序方式 ]
```

分组后会进行排序。升序：ASC，降序：DESC。

以下聚合函数需配合 GROUP BY 子句一起使用。

- COUNT：返回不同的非 NULL 值数目，如 COUNT(*)、COUNT(字段)。
- SUM：求和。
- MAX：求最大值。
- MIN：求最小值。
- AVG：求平均值。

（5）HAVING 子句（条件子句）

与 WHERE 功能、用法相同，只是执行时机不同。WHERE 在开始时执行数据检测，对原数据进行过滤。HAVING 对筛选出的结果再次进行过滤。WHERE 不可以使用聚合函数。一般需用到聚合函数才会用 HAVING。SQL 标准要求 HAVING 子句必须引用 GROUP BY 子句中的列或用于聚合函数中的列。

（6）ORDER BY 子句（排序子句）

```
    ORDER BY 排序字段 / 别名排序方式 [ , 排序字段 / 别名排序方式 ]
```

ORDER BY 子句支持对多个字段的排序。升序：ASC，降序：DESC。

（7）LIMIT 子句（限制结果数量子句）

LIMIT 子句仅对处理好的结果进行数量限制。将处理好的结果看作是一个集合，按照记录出现的先后顺序，索引从 0 开始。

> LIMIT 起始位置 , 获取条数

省略第一个参数，也就是"起始位置"参数，表示索引从 0 开始。即 LIMIT 获取条数。

（8）DISTINCT 选项

DISTINCT 选项用于去除重复记录。

7. 多表连接查询

（1）UNION

UNION 将多个 SELECT 查询的结果组合成一个结果集合。

> SELECT … UNION [ALL|DISTINCT] SELECT …

其默认为 DISTINCT 方式，即所有返回的行都是唯一的。建议对每个 SELECT 查询加上小括号。需要各 SELECT 查询的字段数量一样，即每个 SELECT 查询的字段列表（数量、类型）应一致，因为结果中的字段名以第一条 SELECT 语句为准。

（2）子查询

子查询需用括号括起来。

① FROM 型

FROM 后要求是一个表，必须给子查询结果取个别名，以简化每个查询内的条件。例：

> SELECT * FROM (SELECT * FROM tb WHERE id>0) AS subfrom WHERE id>1;

② WHERE 型

子查询返回一个值，不需要给子查询取别名。

例：

> SELECT * FROM tb WHERE money = (SELECT MAX(money) FROM tb);

③ 列子查询

列子查询使用 IN 或 NOT IN 子查询，查询结果返回单列。

使用 EXISTS 和 NOT EXISTS 条件，返回 1 或 0，常用于判断条件。例：

> SELECT column1 FROM t1 WHERE EXISTS (SELECT * FROM t2);

（3）JOIN 连接查询

JOIN 连接查询将多个表的字段进行连接，可以指定连接条件。

① 内连接（INNER JOIN）

连接默认就是内连接，可省略 INNER。只有数据存在时才能发送连接请求，即连接结果不能出现空行。ON 表示连接条件，其条件表达式与 WHERE 类似。

② 交叉连接（CROSS JOIN）

交叉连接是没有条件的内连接。

例：

> SELECT * FROM tb1 CROSS JOIN tb2;

③ 外连接（OUTER JOIN）

即使数据不存在，外连接也会出现在连接结果中。包括：左外连接（LEFT OUTER

JOIN），即如果数据不存在，左表记录会出现，而右表以 null 填充；右外连接（RIGHT OUTER JOIN），即如果数据不存在，右表记录会出现，而左表以 NULL 填充。

8. 存储过程

（1）创建存储过程

```
CREATE PROCEDURE 过程名 ([过程参数[,…]])
[特性]
存储过程体
```

存储过程的流程控制语句，包括以下几种。

① IF 条件语句

```
IF 条件 THEN 语句列表
    [ELSEIF 条件 THEN 语句列表]
    [ELSE 语句列表]
END IF;
```

② CASE 条件语句

CASE 条件语句可以通过以下两种语法实现。

```
CASE
    WHEN 条件 THEN 语句列表
    [WHEN 条件 THEN 语句列表]
    [ELSE 语句列表]
END CASE;
```

或者

```
CASE 列名
    WHEN 条件值 THEN 语句列表
    [WHEN 条件值 THEN 语句列表]
    [ELSE 语句列表]
END CASE;
```

③ LOOP 循环语句

```
[begin_label:] LOOP
    语句列表
END LOOP [end_label] ;
```

④ WHILE 循环语句

```
[begin_label:] WHILE 条件 DO
    语句列表
END WHILE [end_label]
```

⑤ REPEAT 循环语句

```
[begin_label:] REPEAT
    语句列表
UNTIL 条件
END REPEAT [end_label]
```

⑥　迭代语句

```
ITERATE label;
```

（2）查看存储过程

①　查看状态

```
SHOW PROCEDURE STATUS;
```

②　查看创建代码

```
SHOW CREATE PROCEDURE 存储过程名;
```

（3）修改存储过程

```
ALTER PROCEDURE 存储过程名 [特性…] ;
```

ALTER 关键字只能修改存储过程的属性。

（4）删除存储过程

```
DROP PROCEDURE 存储过程名;
```